高职高专计算机类专业系列教材

Oracle 数据库 SQL 和 PL/SQL 实例教程

主 编 高继民

副主编 顾 明

西安电子科技大学出版社

内 容 简 介

本书以通俗易懂、浅显精炼的方式介绍了 Oracle 9i 数据库 SQL 和程序设计语言 PL/SQL 的有关内容,这些内容是进行 Oracle 数据库系统管理和开发的必修内容,也是学习大型数据库的基础。本书的主要内容包括:SQL*Plus 环境的使用,SQL 的语法及应用,程序设计语言 PL/SQL 的语法和错误处理,以及游标、存储过程、函数、包和触发器等数据库程序开发技术。本书所编写的理论知识以够用为度,通过大量精选的实例、训练项目和阶段训练来培养学生的基本技能,引导学生循序渐进地学习 Oracle 数据库,并通过综合训练项目使学生对所学知识融会贯通。

本书的编写适应了职业教育的需要,充分考虑了职业教育的特点,适合于职业技术院校、专科院校用作教材,也适合于一般的 Oracle 数据库的初学者使用或用作 Oracle 技术认证的参考资料。相信通过本书的学习,能够为读者进一步学习 Oracle 数据库打下良好的基础。

★本书配有电子教案,需要者可登录出版社网站,免费下载。

图书在版编目(CIP)数据

Oracle 数据库 SQL 和 PL/SQL 实例教程 / 高继民主编.
—西安:西安电子科技大学出版社,2004.6(2023.7 重印)
ISBN 978–7–5606–1417–5

Ⅰ. O⋯ Ⅱ. 高⋯ Ⅲ. 关系数据库—数据库管理系统,Oracle—高等学校:技术学校—教材 Ⅳ. TP311.138

中国版本图书馆 CIP 数据核字(2004)第 056109 号

策　　划	马乐惠	
责任编辑	阎　彬　马乐惠	
出版发行	西安电子科技大学出版社(西安市太白南路 2 号)	
电　　话	(029)88202421　88201467　　邮　编　710071	
网　　址	www.xduph.com　　　　　电子邮箱　xdupfxb001@163.com	
经　　销	新华书店	
印　　刷	广东虎彩云印刷有限公司	
版　　次	2004 年 6 月第 1 版　　2023 年 7 月第 5 次印刷	
开　　本	787 毫米×1092 毫米　1/16　印张 15.5	
字　　数	360 千字	
定　　价	39.00 元	

ISBN 978 – 7 – 5606 – 1417 – 5 / TP

XDUP 1688001 – 5

如有印装问题可调换

前 言

Oracle 公司是全球领先的信息管理软件供应商和仅次于微软的全球第二大独立计算机软件公司。最近几年，它开发的 Oracle 数据库已成为世界上最流行的数据库平台，特别是在高端数据库、以 Internet 为平台的企业级应用和电子商务应用等领域，更是处于领先的地位。掌握 Oracle 数据库知识业已成为广大 IT 人员的一项基本要求。

要想成为优秀的 Oracle 数据库管理员或数据库开发人员，必须打好 Oracle 数据库的基础。本书的内容正是为满足这一需要而编写的，其内容包括数据库基本知识、数据库查询语言 SQL 的基本用法、Oracle 数据库的常用模式及对象的创建和使用、程序开发语言 PL/SQL 基础以及使用 PL/SQL 开发存储过程、存储函数和触发器的方法。

在我们的专业课程体系设置上，在 Oracle 数据库方向准备开设的系列课程包括：

- Oracle 数据库基础。
- Oracle 数据库系统管理。
- Oracle 数据库开发。

本书对应于 Oracle 数据库基础，是其他两门课程的前导课程。它通过大量实例和强化训练，使学生能够透彻了解大型数据库的知识，并具备基本的操作能力。

为适应职业教育的需要，本书在编写过程中充分考虑了职业教育的特点，探索以职业训练为目标的教学方法和认知规律，力争做到通俗易懂、浅显精炼，并通过实例和训练，以循序渐进的方式对学生进行教学和引导。所以本书在编写结构和顺序上也进行了适当的安排，尽量将理论融于实际，避免纯粹的理论叙述。本书的例子和训练项目都是精选出来的，并在 Oracle 9i 环境下进行了实际的上机调试。本书的每个章节，都以例子和训练项目为核心，遵循"实例训练—模仿改进—独立设计—综合运用"的原则，尽可能激发学生的学习兴趣，并通过综合训练项目，使学生对所学知识融会贯通。

本书在教学时，假定学生已经具备了一定的数据库基础和数据库原理的知识，并有一定的程序设计(如 C 语言)基础，所以对于关系数据库和程序设计的理论和语法，本书只做了简要的归纳和介绍。为了能够使每个学生做好训练，需要使用一些管理命令，来为每个学生创建自己的账户和复制必要的表和数据。这样学生就可以在自己的账户中进行操作了。教学实例主要使用 Oracle 数据库自带的 SCOTT 账户下的雇员和部门等示例表。

要完成本书中的训练，需要有一个局域网教学环境，并需要准备一台专用的数据库服务器，在 Microsoft Windows 2000 Server 操作系统上安装 Oracle 数据库服务器。教师和学生机需要安装管理客户端和开发工具，并进行必要的网络配置。可以使用两个工具来进行操作和实习：SQL*Plus 或 TOAD。前者是 Oracle 自带的标准 SQL 工具，支持 SQL 和 PL/SQL，是一个命令脚本的使用环境。根据笔者的经验，通过 SQL*Plus 的使用，能够更加深入地学习和领会语句的用法。后者是 Quest Software 公司的一个 Oracle 应用开发工具，除了支持 SQL 和 PL/SQL 外，还支持模式对象的浏览和修改。存储过程、函数和触发器的编写在这个环境下也更容易。通过模式对象的浏览功能，可以给学生一个直观的印象。但是为了学好基本命令，减少对环境的依赖，应该以前者为主，后者是辅助性的。

本书中语句的语法部分和说明一般用楷体印出，语句或程序的输入以及显示输出都以带底色的文字给出。

本书由深圳职业技术学院的高继民和顾明两位老师编写，其中，第1、2章由顾明老师编写，其他章节由高继民老师编写，高继民老师负责全书统稿。在本书的编写过程中，深圳职业技术学院计算机系的领导和软件专业的老师们给予了大力的支持，在此一并表示感谢。

由于时间仓促，作者水平有限，书中疏漏之处在所难免。恳请广大读者批评、指正。如果有任何建议，请发电子邮件至gaojm@oa.szpt.net。

作 者
2004年3月

目 录

第1章 关系数据库与SQL语言环境 1
1.1 关系数据库的基本概念 1
- 1.1.1 数据库和数据库管理系统 1
- 1.1.2 实体关系模型 2
- 1.1.3 规范化设计 4
- 1.1.4 物理设计 4
- 1.1.5 开发数据库应用系统的步骤 4

1.2 SQL*Plus 环境 5
- 1.2.1 SQL*Plus 的登录和环境设置 5
- 1.2.2 认识表的结构 9
- 1.2.3 显示表的内容 11
- 1.2.4 SQL*Plus 环境的使用 12

1.3 Oracle 的应用开发工具 TOAD 14
1.4 操作准备 16
1.5 阶段训练 17
1.6 练习 17

第2章 数据查询 18
2.1 数据库查询语言 SQL 18
- 2..1.1 SQL 语言的特点和分类 18
- 2.1.2 SQL 的基本语法 19

2.2 基本查询和排序 20
- 2.2.1 查询的基本用法 20
- 2.2.2 查询结果的排序 24

2.3 条件查询 25
- 2.3.1 简单条件查询 26
- 2.3.2 复合条件查询 27
- 2.3.3 条件特殊表示法 29

2.4 函数 31
- 2.4.1 数值型函数 31
- 2.4.2 字符型函数 34
- 2.4.3 日期型函数 36
- 2.4.4 转换函数 38
- 2.4.5 其他函数 42

2.5 高级查询 45
- 2.5.1 多表联合查询 45
- 2.5.2 统计查询 49
- 2.5.3 子查询 54
- 2.5.4 集合运算 58

2.6 阶段训练 60
2.7 练习 61

第3章 数据操作 64
3.1 数据库操作语句 64
- 3.1.1 插入数据 64
- 3.1.2 修改数据 67
- 3.1.3 删除数据 69

3.2 数据库事务 70
- 3.2.1 数据库事务的概念 70
- 3.2.2 数据库事务的应用 70

3.3 表的锁定 74
- 3.3.1 锁的概念 74
- 3.3.2 隐式锁和显式锁 75
- 3.3.3 锁定行 76
- 3.3.4 锁定表 77

3.4 阶段训练 77
3.5 练习 78

第4章 表和视图 80
4.1 表的创建和操作 80
- 4.1.1 表的创建 81
- 4.1.2 表的操作 84
- 4.1.3 查看表 85

4.2 数据完整性和约束条件 85
- 4.2.1 数据完整性约束 85
- 4.2.2 表的五种约束 86
- 4.2.3 约束条件的创建 87
- 4.2.4 查看约束条件 91

4.2.5 使约束生效和失效 91
4.3 修改表结构 92
　　4.3.1 增加新列 92
　　4.3.2 修改列 93
　　4.3.3 删除列 94
　　4.3.4 约束条件的修改 95
4.4 分区表简介 95
　　4.4.1 分区的作用 95
　　4.4.2 分区的实例 96
4.5 视图创建和操作 97
　　4.5.1 视图的概念 97
　　4.5.2 视图的创建 98
　　4.5.3 视图的操作 101
　　4.5.4 视图的查看 103
4.6 阶段训练 104
4.7 练习 105

第 5 章　其他数据库对象 106
5.1 数据库模式对象 106
5.2 索引 106
　　5.2.1 Oracle 数据库的索引 106
　　5.2.2 索引的创建 107
　　5.2.3 查看索引 108
5.3 序列 109
　　5.3.1 序列的创建 109
　　5.3.2 序列的使用 110
　　5.3.3 查看序列 112
5.4 同义词 113
　　5.4.1 模式对象的同义词 113
　　5.4.2 同义词的创建和使用 113
　　5.4.3 同义词的查看 114
　　5.4.4 系统定义同义词 114
5.5 聚簇 115
5.6 数据库链接 117
5.7 练习 118

第 6 章　PL/SQL 基础 119
6.1 PL/SQL 的基本构成 119
　　6.1.1 特点 119
　　6.1.2 块结构和基本语法要求 119
　　6.1.3 数据类型 122
　　6.1.4 变量定义 123
　　6.1.5 运算符和函数 127
6.2 结构控制语句 128
　　6.2.1 分支结构 128
　　6.2.2 选择结构 130
　　6.2.3 循环结构 133
6.3 阶段训练 138
6.4 练习 140

第 7 章　游标和异常处理 142
7.1 游标的概念 142
7.2 隐式游标 142
7.3 显式游标 143
　　7.3.1 游标的定义和操作 144
　　7.3.2 游标循环 146
　　7.3.3 显式游标属性 147
　　7.3.4 游标参数的传递 148
　　7.3.5 动态 SELECT 语句和动态游标的
　　　　　用法 150
7.4 异常处理 152
　　7.4.1 错误处理 152
　　7.4.2 预定义错误 154
　　7.4.3 自定义异常 155
7.5 阶段训练 158
7.6 练习 163

第 8 章　存储过程、函数和包 200
8.1 存储过程和函数 164
　　8.1.1 认识存储过程和函数 164
　　8.1.2 创建和删除存储过程 165
　　8.1.3 参数传递 168
　　8.1.4 创建和删除存储函数 171
　　8.1.5 存储过程和函数的查看 173
8.2 包 176
　　8.2.1 包的概念和组成 176
　　8.2.2 创建包和包体 177
　　8.2.3 系统包 178

8.2.4	包的应用 178	10.1	系统分析和准备..................206
8.3	阶段训练 181	10.1.1	概述..................206
8.4	练习 186	10.1.2	基本需求分析..................206

第9章 触发器 187

- 9.1 触发器的种类和触发事件 187
- 9.2 DML 触发器 188
  - 9.2.1 DML 触发器的要点..................188
  - 9.2.2 DML 触发器的创建..................189
  - 9.2.3 行级触发器的应用 190
  - 9.2.4 语句级触发器的应用 196
- 9.3 数据库事件触发器 197
  - 9.3.1 定义数据库事件和模式事件 触发器 198
  - 9.3.2 数据库事件触发器 199
- 9.4 DDL 事件触发器 200
- 9.5 替代触发器 201
- 9.6 查看触发器 203
- 9.7 阶段训练 203
- 9.8 练习 205

第 10 章 数据库开发应用实例..................206

- 10.1 系统分析和准备..................206
  - 10.1.1 概述..................206
  - 10.1.2 基本需求分析..................206
  - 10.1.3 功能分析设计..................207
  - 10.1.4 开发账户的创建和授权..................208
- 10.2 表和视图的设计和实现..................208
  - 10.2.1 院校信息表..................209
  - 10.2.2 学生信息表..................210
  - 10.2.3 创建视图..................215
- 10.3 应用程序的设计和实现..................217
  - 10.3.1 函数的创建..................217
  - 10.3.2 存储过程的创建..................218
  - 10.3.3 触发器的设计..................226
- 10.4 系统的测试和运行..................228
  - 10.4.1 运行准备..................228
  - 10.4.2 投档过程..................231
  - 10.4.3 统计报表..................233
  - 10.4.4 结果分析..................234
  - 10.4.5 系统改进..................235
- 10.5 练习..................236

附录 练习的参考答案..................237

第 1 章 关系数据库与 SQL 语言环境

本章对关系数据库的概念和关系数据库的一些理论作了一些简要的回顾，同时介绍关系数据库的查询语言 SQL 和 Oracle 数据库下的 SQL 语言的应用开发环境 SQL*Plus。

【本章要点】
◆了解关系数据库和数据库管理系统的一些基本知识。
◆熟悉 SQL*Plus 环境的使用。
◆熟悉 Oracle 应用开发工具 TOAD 的使用。

1.1 关系数据库的基本概念

在信息社会中，信息是如此的重要，以至我们每时每刻都在和各种信息打交道，今天的现代化社会离不开先进的信息存储和处理技术。数据库是信息存储和处理的基础，是信息和信息管理数字化的必然产物。

1.1.1 数据库和数据库管理系统

数据库是在计算机上组织、存储和共享数据的方法，数据库系统是由普通的文件系统发展而来的。数据库系统具有较高的数据独立性，即不依赖于特定的数据库应用程序；数据库系统的数据冗余小，可以节省数据的存储空间；另外数据库系统还很容易实现多个用户的数据共享。数据库系统成熟的标志就是数据库管理系统的出现。数据库管理系统(DataBase Managerment System，简称 DBMS)是对数据库的一种完整和统一的管理和控制机制。数据库管理系统不仅让我们能够实现对数据的快速检索和维护，还为数据的安全性、完整性、并发控制和数据恢复提供了保证。数据库管理系统的核心是一个用来存储大量数据的数据库。

一个真正的数据库系统由硬件和软件两个方面构成。比如我们要使用 Oracle 数据库，需要安装 Oracle 公司提供的数据库服务器软件和一台用于安装数据库管理系统的高性能的计算机服务器。

数据库系统的发展经历了层次模型、网状模型及关系模型几个阶段。当今应用最普遍的是关系型数据库管理系统。目前，市场上流行的几种大型数据库，如 Oracle、DB2、Sybase、MS SQL Server 等都是关系型数据库管理系统。Oracle 数据库是一种面向对象的关系型数据库管理系统(ORDBMS)，是基于标准 SQL 语言的数据库产品。

数据库和数据库管理系统实现了信息的存储和管理，还需要开发面向特定应用的数据库应用系统，以完成更复杂的信息处理任务。典型的数据库应用有 C/S(客户/服务器)和 B/S(浏览器/服务器)两种模式。C/S 模式由客户端和服务器端构成，客户端是一个运行在客户机上的数据库应用程序，服务器端是一个后台的数据库服务器，客户端通过网络访问数据库服务器。B/S 模式是基于 Internet 的一个应用模式，需要一个 WEB 服务器。客户端分布在 Internet 上，使用通用的网页浏览器，不需要对客户端进行专门的开发。应用程序驻留在 WEB 服务器或以存储过程的形式存放在数据库服务器上，服务器端是一个后台数据库服务器。

例如一个有代表性的信息检索网站，通常都是一个典型的基于大型数据库的 WEB 应用。很多这样的网站都采用 Oracle 的数据库服务器，以获得优越的性能。图 1-1 给出了典型的 WEB 数据库应用系统的结构示意图。

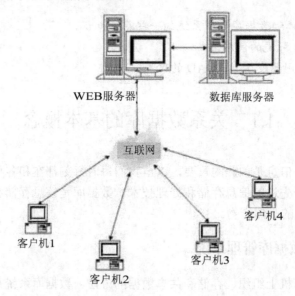

图 1-1　WEB 数据库应用示意图

在这里我们主要来学习和了解关系数据库的一些基本概念和知识。

1.1.2　实体关系模型

在数据库的设计阶段，需要创建逻辑模型。关系数据库的逻辑模型叫做实体—关系模型。实体模型化最常用的工具是实体关系图，简称 E‐R(Entity‐Relationship)图，它是一种简单的图形技术，用来定义数据库中需要的表、字段和关系。它用于数据库设计的第一步，与我们使用的具体的数据库管理系统无关。实体关系模型的优点是：

- 有效地搜集和表示组织的信息需求。
- 提供一个容易理解的系统描述图。
- 易于开发和提炼。
- 明确定义了信息需求的范围。
- 将业务需求信息与业务执行活动分开。
- 根据业务说明或描述创建实体关系图。

典型的实体关系模型有以下三个要素：
- 实体：客观存在并可以相互区分的事物称为实体，包括有意义的人、地方或事物，如学生、教师、课程、成绩等。
- 属性：实体所具有的某一特性称为属性，一个实体可以用若干属性来刻画，如学生实体具有学号、姓名、性别等属性。
- 关系：两个实体之间的相关性，如学生与课程之间的关系，教师与课程之间的关系。

实体之间的关系有三种类型：
- 一对一：表示一个实体中的一种情况只与另一个实体中的一种情况有关系。比如：学生与学生证，一个学生只对应一个学生证，一个学生证只对应一个学生。
- 一对多：表示一个实体中的一种情况与另一个实体中的多种情况有关系。比如：班级与学生，一个班级可有多个学生，而一个学生只能属于某一个班级。
- 多对多：表示一个实体中的一种情况与另一个实体中的多种情况有关系，而第二个实体中的一种情况也与第一个实体中的多种情况有关系。比如：教师与学生，一个学生有多个教师为其上课，一个教师要为多个学生上课。

以上三种关系可用图 1-2 来表示。

图 1-2　实体之间的关系

在 E-R 模型图中，用实线表示实体之间必须有关系，用虚线表示实体之间是可选的关系，用三角表示一对多关系。

在实体的属性中，在属性前用"*"表示必须有的属性，用"#"表示惟一属性，小写字母"o"代表可选属性。在每一实体上，要定义一个惟一表示该实体的标识符，称为 UID(UNIQUE IDENTIFIER)，UID 是属性之间的组合。图 1-3 表示了三个实体之间关系的 E-R 图，其中系部 ID、专业 ID 和教师 ID 分别是三个实体的 UID。

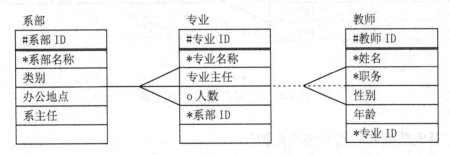

图 1-3　实体之间关系的 E-R 图

1.1.3 规范化设计

在数据库的设计过程中,如果已经建立了逻辑模型,那么实体—关系模型的设计是否规范就要靠规范化设计原则来验证。规范化的意义在于可以从实体中删除冗余信息,通过修改数据模型达到可以惟一地表示实体的每一种情况为止。

规范化是降低或消除数据库中冗余数据的过程。尽管在大多数的情况下冗余数据不能被完全清除,但冗余数据降得越低,就越容易维护数据的完整性,并且可以避免非规范化的数据库中数据的更新异常。数据库的规范化通过范式来验证,但是一味地考虑满足范式,也会对数据库性能产生影响,并给实际的实施带来困难。所以实际的情况是采取折衷的方法。

规范化设计的规则有三个,分别称作第一范式、第二范式和第三范式:
- 第一范式(1NF):实体的所有属性必须是单值的并且不允许重复。
- 第二范式(2NF):实体的所有属性必须依赖于实体的惟一标识。
- 第三范式(3NF):一个非惟一标识属性不允许依赖于另一个非惟一标识属性。

在数据库的设计中,一般都采用第三范式,以保证数据的冗余最小,提高数据的完整性。

1.1.4 物理设计

在完成实体关系模型设计以后,要将关系模型转换成实际的数据库对象来表示,这一过程称为物理设计。这一转换过程要将实体映射成数据库中的一张表,实体的属性映射成为表的列,实体之间的关系映射成为表或表间的约束条件,实体的惟一标识将成为表的主键(Primary Key),通过建立存储过程、函数和触发器来进一步保证业务规则的实现。

图 1-4 是实际设计的两张表和表间关系的示意图。教师表由教师 ID、姓名和系部 ID 等列构成;系部表由系部 ID、系部名称和地点等列构成。其中,教师 ID 和系部 ID 分别是这两张表的主键。教师表的系部 ID 和系部表的系部 ID 之间建立了外键联系,即教师表的系部 ID 必须是系部表的某个系部 ID。

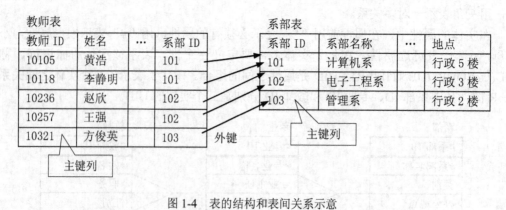

图 1-4 表的结构和表间关系示意

1.1.5 开发数据库应用系统的步骤

下面列出了常见的数据库应用系统的开发步骤:

- 系统需求分析。
- 设计数据库表。
- 规划表中的字段。
- 确定表与表之间的关系。
- 优化表和表中字段的设计。
- 输入数据，检测表的设计，如果需要改进可以再次优化表的设计。
- 创建查询、存储过程、触发器以及其他的数据库对象。
- 使用数据库分析工具来分析和改进数据库的性能。
- 设置数据库安全性。

1.2 SQL*Plus 环境

　　SQL 是数据库查询语言。Oracle 提供的一个被称为 SQL*Plus 的工具，是一个 SQL 的使用环境。利用此工具，既可以执行标准的 SQL 语句和特定的 Oracle 数据库管理命令，也可以编写应用程序模块。SQL*Plus 是数据库管理员和开发人员最常使用的工具。它有两个版本，一个是图形界面，一个是命令行风格。

　　在 Oracle 数据库软件的安装中，无论是服务器还是客户端，一般都默认自动安装这个工具。图形界面版本的 SQL*Plus 称为 SQL*Plus 工作表(SQL*Plus WorkSheet)，它跟命令行方式的版本有一些差别，在这里我们使用 SQL*Plus 工作表作为训练的环境。命令行方式的 SQL*Plus 的使用方法类似，使用者可以自学。

1.2.1 SQL*Plus 的登录和环境设置

1. 登录 SCOTT 账户

　　在登录和使用 SQL*Plus 的同时，要以数据库用户的身份连接到某个数据库实例。在 Oracle 数据库创建过程中，选择通用目的安装，会创建一个用于测试和练习目的的账户——SCOTT。其中保存了一些数据库表的实例，主要的两个表是雇员表 EMP 和部门表 DEPT 通过登录 SCOTT 账户就可以访问这些表。

　　SCOTT 账户的默认口令是 TIGER。

　　我们假定 Oracle 数据库已经安装在局域网中的一台基于 Windows 操作系统的服务器上，服务器的名称为 ORACLE，数据库实例的名称为 MYDB。管理客户端和开发工具安装在其他基于 Windows 操作系统的客户机上，并且该机器通过网络能够访问到 Oracle 数据库服务器。这时，我们就可以使用管理客户端中的 SQL*Plus 工具来进行登录了。登录前一般要由管理员使用 Oracle 的网络配置工具创建一个网络服务名，作为客户端连接名。为了方便记忆，连接名可以与数据库实例名相重。我们假定创建的网络连接服务名为 MYDB，则登录过程如下。

【训练1】 使用 SQL*Plus 工作表，以 SCOTT 账户登录数据库。

步骤1：启动 SQL*Plus。在开始菜单中，找到 Oracle 菜单目录的"Application Development"子菜单，找到其下的"SQL*Plus WorkSheet"命令。

步骤2：为其在桌面上创建一个快捷方式并启动，出现如图1-5所示的登录界面。

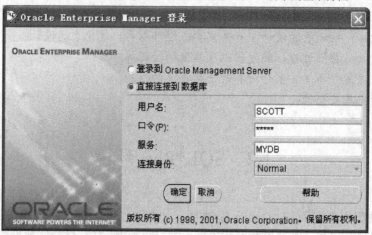

图1-5 SQL*Plus 的登录对话框

步骤3：在登录对话框中选择直接连接到数据库，并输入其他必要的参数。

用户名为 SCOTT。

口令为 TIGER。

服务为 MYDB，其中 MYDB 为由系统管理员创建的网络服务名。

连接身份选为 Normal。

点击"确定"按钮即可进行数据库连接了。

在输出区输出结果为：

已连接。

连接成功后，出现如图1-6所示的 SQL*Plus 工作表的工作窗口，在输出区的信息"已连接"表示数据库连接成功。如果显示登录失败信息，则需要重新检查输入的连接参数是否正确。

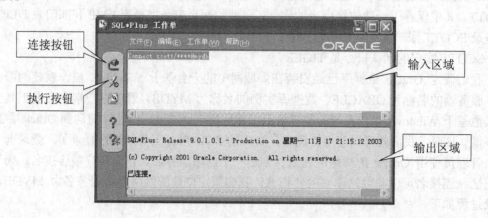

图1-6 SQL*PLUS 工作表

窗口界面可划分成如下几个区域：菜单区、按钮区、输入区和输出区。通过拖动输入区和输出区中间的分隔线可以调整两个区的大小。输入区为一文本编辑区，可以在其中进行命令的输入和编辑，可以使用通用的文本编辑命令，如"选择"、"剪切"、"复制"和"粘贴"等进行操作。在输入区中可以输入 SQL 命令或 PL/SQL 程序。输出区为一只读文本区，显示命令的输出结果。

SQL*Plus 可以同时运行多个副本，连接相同或不同的账户，同时进行不同的操作。

在本书的训练中，如果没有指明登录的账户，则都默认为 SCOTT 账户。

Oracle 数据库的很多对象，都是属于某个模式(Schema)的，模式对应于某个账户，如 SCOTT 模式对应 SCOTT 账户。往往我们对模式和账户不做区分。数据库的表是模式对象中的一种，是最常见和最基本的数据库模式对象。一般情况下，如果没有特殊的授权，用户只能访问和操作属于自己的模式对象。比如以 SCOTT 账户登录，就只能访问属于 SCOTT 模式的表。所以通过以不同的用户身份连接，可以访问属于不同用户模式的表。

如果需要重新连接另外一个账户，可以点击"连接"按钮，则重新出现连接对话框，在该对话框中输入新的账户名、口令和其他参数进行连接即可。任何时刻，如果需要运行输入区中的命令，可以点击"执行"按钮。用户可以在输入区中输入和编辑任何命令，在编辑完成后通过点击"执行"按钮(或按 F5 快捷键)来执行输入区中的命令脚本。

还有一种以命令方式进行重新连接的方法更为便捷，重新进行连接的命令是 CONNECT。

以下是该方法的训练。

【训练 2】 输入和执行 CONNECT 命令重新连接数据库。

步骤 1：在输入区域清除原有命令，输入新命令。

CONNECT SCOTT/TIGER@MYDB

步骤 2：点击"执行"按钮(或按 F5 快捷键)执行该命令。

显示结果为：

已连接。

说明：SCOTT 为账户名，TIGER 为口令，账户名和口令之间用"/"分隔。"@"后面的字符串称为网络服务名或称为连接字符串。

注意：以上方法的口令是显式的，容易被其他人窃取。

要关闭或退出 SQL*Plus，可以在输入区域直接输入"EXIT"或"QUIT"命令并执行，或执行"文件"菜单下的"退出"命令。

2．环境设置命令

在 SQL*Plus 环境下，可以使用一系列的设置命令来对环境进行设置。如果不进行设置，系统会使用默认值。通过 SHOW ALL 命令可以查看 SQL*Plus 的环境参数。设置命令的格式为

SET 参数 [ON|OFF|值]

通常需要对输出的显示环境进行设置，这样可以达到更理想的输出效果。显示输出结果是分页的，默认的页面大小是 14 行×80 列。以下的训练是设置输出页面的大小，用户可以比较设置前后的输出效果。

【训练3】 设置输出页面的大小。

步骤1：输入并执行以下命令，观察显示结果：

SELECT * FROM emp;

步骤2：在输入区输入并执行以下命令：

SET PAGESIZE 100

SET LINESIZE 120

或

SET PAGESIZE 100 LINESIZE 120

步骤3：重新输入并执行以下命令，观察显示结果：

SELECT * FROM emp;

说明：命令 SET PAGESIZE 100 将页高设置为 100 行，命令 SET LINESIZE 120 将页宽设置为 120 个字符。通过页面的重新设置，消除了显示的折行现象。SELECT 语句用来对数据库的表进行查询，这将在后面介绍。

如果用户忘记了自己是以什么用户身份连接的，可以用以下的命令显示当前用户。

【训练4】 显示当前用户。

输入并执行命令：

SHOW USER

执行结果是：

USER 为"SCOTT"

说明：显示的当前用户为 SCOTT，即用户是以 SCOTT 账户登录的。

注意：使用 SELECT USER FROM dual 命令也可以取得用户名。

通过进行适当的设置，可以把操作内容或结果记录到文本文件中。

【训练5】 使用 SPOOL 命令记录操作内容。

步骤1：执行命令：

SPOOL C:\TEST

步骤2：执行命令：

SELECT * FROM emp;

步骤3：执行命令：

SELECT * FROM dept;

步骤4：执行命令：

SPOOL OFF

步骤5：用记事本打开 C:\TEST.LST 并查看内容：

OEM_sqlplus_input_finished

SELECT * FROM emp;

EMPNO	ENAME	JOB	MGR	HIREDATE	SAL	OMM	DEPTNO
7369	SMITH	CLERK	7902	17-12月-80	1560		20

7499 ALLEN	SALESMAN	7698 20-2月-81	1936	300	30
7521 WARD	SALESMAN	7698 22-2月-81	1830	500	30
7566 JONES	MANAGER	7839 02-4月-81	2975		20
7654 MARTIN	SALESMAN	7698 28-9月-81	1830	1400	30
7698 BLAKE	MANAGER	7839 01-5月-81	2850		30
7782 CLARK	MANAGER	7839 09-6月-81	2850		10
7839 KING	PRESIDENT	17-11月-81	5000		10
7844 TURNER	SALESMAN	7698 08-9月-81	1997	0	30
7876 ADAMS	CLERK	7788 23-5月-87	1948		20
7900 JAMES	CLERK	7698 03-12月-81	1852		30
7788 SCOTT	ANALYST	7566 19-4月-87	3000		20
7902 FORD	ANALYST	7566 03-12月-81	3000		20
7934 MILLER	CLERK	7782 23-1月-82	1903		10

已选择 14 行。

OEM_sqlplus_input_finished
SELECT * FROM dept;

DEPTNO	DNAME	LOC
10	ACCOUNTING	NEW YORK
20	RESEARCH	DALLAS
30	SALES	CHICAGO
40	OPERATIONS	BOSTON

已选择 4 行。

说明：以上步骤将输入的命令和输出的结果记录到 C 盘根目录下的 TEST.LST 文件中，内容如上所示。SPOOL OFF 命令用来关闭记录过程。

可以使用这种方法对操作进行磁盘记录。

还有如下环境设置命令，在这里不做详细介绍：
- SET HEADING ON/OFF：打开/关闭查询结果表头的显示，默认为 ON。
- SET FEEDBACK ON/OFF：打开/关闭查询结果中返回行数的显示，默认为 ON。
- SET ECHO ON/OFF：打开/关闭命令的回显，默认为 ON。
- SET TIME ON/OFF：打开/关闭时间显示，默认为 OFF。

我们可以将一系列的 SET 命令存入 BEGIN.SQL，并放在 SQL*Plus 启动文件的同一个目录下，这样就可以在启动时自动地进行设置了。SQL*Plus 启动文件的目录在 Oracle 主目录的 BIN 目录下。

【练习1】关闭表头和返回结果行数的显示，然后再打开。

1.2.2 认识表的结构

SCOTT 账户拥有若干个表，其中主要有一个 EMP 表，该表存储公司雇员的信息，还有一个 DEPT 表，用于存储公司的部门信息。表是用来存储二维信息的，由行和列组成。行一般称为表的记录，列称为表的字段。要了解一个表的结构，就要知道表由哪些字段组成，各字段是什么数据类型，有什么属性。要看表的内容，就要通过查询显示表的记录。

ORACLE 常用的表字段数据类型有：
- CHAR：固定长度的字符串，没有存储字符的位置，用空格填充。
- VARCHAR2：可变长度的字符串，自动去掉前后的空格。
- NUMBER(M, N)：数字型，M 是位数总长度，N 是小数的长度。
- DATE：日期类型，包括日期和时间在内。
- BOOLEAN：布尔型，即逻辑型。

可以使用 DESCRIBE 命令(DESCRIBE 可简写成 DESC)来检查表的结构信息。

1. 雇员表 EMP 的结构

以下训练显示 emp 表的结构。

【训练 1】 显示 EMP 表的结构。

输入并执行以下命令(emp 为要显示结构的表名)：

DESCRIBE emp

输出区的显示结果如下：

名称	是否为空?	类型
EMPNO	NOT NULL	NUMBER(4)
ENAME		VARCHAR2(10)
JOB		VARCHAR2(9)
MGR		NUMBER(4)
HIREDATE		DATE
SAL		NUMBER(7,2)
COMM		NUMBER(7,2)
DEPTNO		NUMBER(2)

说明：以上字段用到了 3 种数据类型：数值型、字符型和日期型，都是常用的数据类型。

列表显示了字段名、字段是否可以为空、字段的数据类型和宽度。在是否为空域中的"NOT NULL"代表该字段的内容不能为空，即在插入新记录时必须填写；没有代表可以为空。括号中是字段的宽度。日期型数据是固定宽度，无需指明。该表共有 8 个字段，或者说有 8 个列，各字段的名称和含义解释如下：

EMPNO 是雇员编号，数值型，长度为 4 个字节，不能为空。
ENAME 是雇员姓名，字符型，长度为 10 个字节，可以为空。
JOB 是雇员职务，字符型，长度为 9 个字节，可以为空。
MGR 是雇员经理的编号，数值型，长度为 4 个字节，可以为空。
HIREDATE 是雇员雇佣日期，日期型，可以为空。

SAL 是雇员工资，数值型，长度为 7 个字节，小数位有 2 位，可以为空。
COMM 是雇员津贴，数值型，长度为 7 个字节，小数位有 2 位，可以为空。
DEPTNO 是雇员所在的部门编号，数值型，长度为 2 个字节的整数，可以为空。

2. 部门表 DEPT 的结构

以下训练显示 DEPT 表的结构。

【训练 2】 显示部门表 DEPT 的结构。

输入以下的命令：

DESCRIBE dept

结果为：

名称	是否为空？	类型
DEPTNO	NOT NULL	NUMBER(2)
DNAME		VARCHAR2(14)
LOC		VARCHAR2(13)

说明：以上字段用到了 2 种数据类型：数值型和字符型。DEPT 表共有 3 个字段：
DEPTNO 代表部门编号，数值型，宽度为 2 个字节，不能为空。
DNAME 代表部门名称，字符型，长度为 14 个字节，可以为空。
LOC 代表所在城市，字符型，长度为 13 个字节，可以为空。

1.2.3 显示表的内容

已知表的数据结构，还要通过查询命令来显示表的内容，这样就可以了解表的全貌。显示表的内容用查询语句进行。

1. 雇员表 EMP 的内容

【训练 1】 显示 EMP 表的全部记录。

步骤 1：输入并执行以下命令：

SELECT * FROM emp;

在输出区将显示表的内容。

EMPNO	ENAME	JOB	MGR	HIREDATE	SAL	COMM	DEPTNO
7369	SMITH	CLERK	7902	17-12 月-80	800		20
7499	ALLEN	SALESMAN	7698	20-2 月 -81	1600	300	30
7521	WARD	SALESMAN	7698	22-2 月 -81	1250	500	30
7566	JONES	MANAGER	7839	02-4 月 -81	2975		20
7654	MARTIN	SALESMAN	7698	28-9 月 -81	1250	1400	30
7698	BLAK	MANAGER	7839	01-5 月 -81	2850		30
7782	CLARK	MANAGER	7839	09-6 月 -81	2450		10
7788	SCOTT	ANALYST	7566	19-4 月 -87	3000		20

	7839	KING	PRESIDENT		17-11月-81	5000		10
	7844	TURNER	SALESMAN	7698	08-9月-81	1500	0	30
	7876	ADAMS	CLERK	7788	23-5月-87	1100		20
	7900	JAMES	CLERK	7698	03-12月-81	950		30
	7902	FORD	ANALYST	7566	03-12月-81	3000		20
	7934	MILLER	CLERK	7782	23-1月-82	1300		10

已选择 14 行。

说明：观察表的内容，在显示结果中，虚线以上部分(第一行)称为表头，是 EMP 表的字段名列表。该表共有 8 个字段，显示为 8 列。虚线以下部分是该表的记录，共有 14 行，代表 14 个雇员的信息。如雇员 7788 的名字是 SCOTT，职务为 ANALYST，……。

这个表在下面的练习中要反复使用，必须熟记字段名和表的内容。

2. 部门表 DEPT 的内容

【训练 2】 显示 DEPT 表的全部记录。

输入并执行以下查询命令：

SELECT * FROM dept;

执行结果为：

```
    DEPTNO DNAME          LOC
---------- -------------- -------------
        10 ACCOUNTING     NEW YORK
        20 RESEARCH       DALLAS
        30 SALES          CHICAGO
        40 OPERATIONS     BOSTON
```

说明：该表中共有 3 个字段：部门编号 DEPTNO、部门名称 DNAME 和所在城市 LOC。该表共有 4 个记录，显示出 4 个部门的信息，如部门 10 的名称是 ACCOUNTING，所在城市是 NEW YORK。

这个表在下面的练习中要反复使用，必须熟记字段名和表的内容。

【练习 1】根据 EMP 表和 DEPT 表的显示结果，说出雇员 ADAMS 的雇员编号、职务、经理名字、雇佣日期、工资、津贴和部门编号以及该雇员所在的部门名称和所在城市。

【练习 2】说出职务为 CLERK 的工资最高的雇员是哪一位？职务为 CLERK、部门在 NEW YORK 的雇员是哪一位？

1.2.4 SQL*Plus 环境的使用

在 SQL*Plus 环境下，命令可以在一行或多行输入，命令是不分大小写的。SQL 命令一般要以"；"结尾。

可以在输入内容中书写注释，或将原有内容变成注释。注释的内容在执行时将被忽略。注释的方法是：

- 在一行的开头处书写 REM,将一行注释掉。
- 在一行中插入 "--",将其后的内容注释掉。
- 使用/*……*/,可以用来注释任何一段内容。

【训练 1】 使用注释。

在输入区输入以下内容,按 F5 执行。

REM 本句是注释语句

--SELECT * FROM emp;该句也被注释

执行后没有产生任何输出。

说明:REM 和 "--" 产生注释作用,语句不执行,所以没有输出。注释后的内容将变成红色显示。

如果需要的话,可以分别将输入区或输出区的内容以文本文件的形式存盘,供以后查看或重新使用。

【训练 2】 保存输入区的内容。

步骤 1:在输入区重新输入命令:

SELECT * FROM emp;

SELECT * FROM dept;

步骤 2:选择"文件"菜单下的"将输入另存为"命令,弹出文件存盘对话框。选择正确的磁盘位置,为存盘的文件起一个名字。如果输入区中的内容是 SQL 命令或命令序列,则使用扩展名.SQL;否则可以省略或以.TXT 做扩展名。在本例中,选 SELECT.SQL 做文件名。

步骤 3:按"保存"按钮,将输入区的内容存入磁盘文件。

步骤 4:用记事本查看保存的内容(略)。

说明:用同样的方法可以保存输出区的内容。

【练习 1】 请试着将输出区的内容存入文件 RESULT.TXT。

输出区中每一条命令的执行结果都将出现在其中,通过滚动条来显示屏幕之外的内容。当输出区的内容很多,显示混乱时,可以清除区域中的内容。

【训练 3】 清除输出区域的显示内容。

将光标置入输出区,执行"编辑"菜单的"全部清除"命令。结果输入区的内容被清除。

说明:以上菜单命令将清除输出区的全部显示内容。使用同样的方法可以清除输入区的全部内容。

如果某些命令已经存盘,特别是比较长和复杂的命令或命令序列,可以重新调入输入区或直接执行。

【训练 4】 调入磁盘文件执行。

步骤 1:执行"文件"菜单的"打开"命令,弹出打开文件对话框。

步骤 2:选择刚刚存盘的 SELECT.SQL 文件,按"打开"按钮,将存盘的文件装入输入区。

步骤 3:按 F5 执行该命令。

结果从略。

执行"工作单"菜单下的"运行本地脚本"命令,可以直接运行存盘文件中的 SQL 命令,请做如下练习。

【练习 2】直接执行 SELECT.SQL 文件中的语句。

每次用户执行过的命令将存储在内存的"命令历史记录区"中,直到退出 SQL*Plus 环境。用户可以使用"工作单"菜单下的"命令历史记录"、"上一条"或"下一条"命令(或按 Ctrl+H/Ctrl+P/Ctrl+N 快捷键)调出执行过的命令脚本。

【练习 3】通过快捷键 CTRL+P 和 CTRL+N 调出前一条和后一条命令到输入区。

1.3 Oracle 的应用开发工具 TOAD

Oracle 有很多开发工具可以选用,TOAD 是 Quest Software 公司的具有图形界面的轻量级开发工具,是 Oracle 应用开发者工具(Tools for Oracle Application Developer)的缩写。它比 SQL*Plus 有更多的功能,除了可以自动格式化和执行 SQL 语句以及支持 PL/SQL 程序的编程和调试之外,它的数据库对象浏览功能能够让我们直观地看到数据库的模式对象,并进行直观的操作。TOAD 提供 60 天的免费使用版本,在功能上比商业版有所限制,使用到期后需要重新下载和安装。

TOAD 的下载网址是http://www.toadsoft.com。

TOAD 可以用菜单或图标按钮的方式进行操作。在启动后的界面中,它可以建立多个数据库连接,打开多个 SQL 工作窗口,用于执行 SQL 语句和 PL/SQL 程序;TOAD 还提供了单独的存储过程编辑调试窗口,用来编辑、调试和执行存储过程、函数和包;还可以打开多个对象浏览窗口,用来观察用户的模式对象信息,如表、视图、约束条件和存储过程等。以上 TOAD 的主要功能就能够满足本课程的需要。TOAD 还有许多功能,这里就不一一介绍了。

图 1-7 是 TOAD 的启动登录界面,在输入正确的连接字符串、账户名和口令后,点击"OK"按钮就可以登录了。

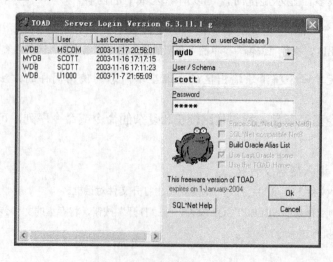

图 1-7 TOAD 的登录对话窗口

【训练1】 登录TOAD，执行简单查询。

步骤1：启动TOAD，在启动对话框中输入以下登录信息：

用户名：SCOTT

口令：TIGER

服务：MYDB

其中，MYDB为以前创建好的数据库连接字符串。

按确定按钮登录，登录后出现主窗口(如图1-8所示)。TOAD是个多用户窗口界面，可以根据需要在工作区中打开多个子窗口，同时进行操作。

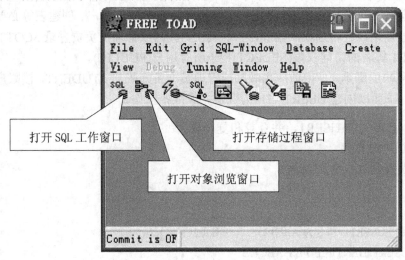

图1-8 TOAD的主界面

步骤2：每次按打开SQL工作窗口按钮都可以打开一个SQL窗口，可测试不同的SQL语句。

在第一个窗口中输入以下查询语句，并按执行按钮：

SELECT * FROM emp;

在结果区以表格形式显示查询结果，结果如图1-9所示。

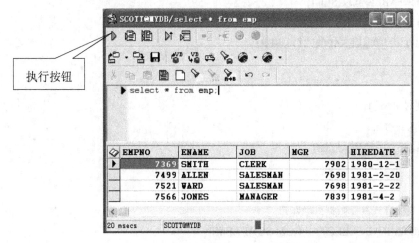

图1-9 SQL子窗口

步骤3：打开第二个SQL工作窗口，在其中输入另外的查询语句并执行：
SELECT * FROM dept;
结果从略。

1.4 操作准备

为了完成后续的练习，需要为每一个练习者准备一个账户，将数据复制到该账户下。先由教师或管理员创建一个公用账户STUDENT，并授予该账户创建用户、创建表等必要权限，通过该账户创建新用户并传递权限给新账户。其次，教师或管理员负责登录SCOTT账户，将EMP和DEPT等表的访问权限(SELECT)授予所有用户(PUBLIC)。

以下是创建新用户的脚本，使用前应由教师或管理员准备好账户STUDENT，该账户的口令为STDUENT。下面以创建USER1账户为例，完成准备工作。

【训练1】 创建新用户USER1，并登录和复制数据。

步骤1：登录STUDENT账户。
CONNECT STUDENT/STUDENT@MYDB
执行结果：
已连接。

步骤2：创建新用户USER1，口令为ABC123，口令需要以字母开头。
CREATE USER USER1 IDENTIFIED BY ABC123
执行结果：
用户已创建。

其中，用户名为USER1，口令为ABC123。

步骤3：授予连接数据库权限、创建表权限、创建存储过程和表空间使用权限。
GRANT CONNECT TO USER1;
GRANT CREATE TABLE TO USER1;
GRANT CREATE PROCEDURE TO USER1;
GRANT UNLIMITED TABLESAPCE TO USER1;
执行结果：
授权成功。
其他权限在必要时再添加。

步骤4：使用新账户登录。
CONNECT USER1/ABC123@MYDB
输出结果：
已连接。

步骤5：以创建表的方式复制数据到新账户。
CREATE TABLE EMP AS SELECT * FROM SCOTT.EMP;
CREATE TABLE DEPT AS SELECT * FROM SCOTT.DEPT;

CREATE TABLE SALGRADES AS SELECT * FROM SCOTT.SALGRADE;
输出结果：
表已创建。

说明：执行完以上脚本后，在 USER1 账户下复制了 SCOTT 账户的三个表：EMP、DEPT 和 SALGRADES。

【练习 1】显示当前的账户名，显示当前账户的 EMP 表的结构，显示 EMP 表中的数据。

1.5 阶段训练

【练习 1】用 SQL*Plus 登录新创建的用户，熟悉环境设置命令。
【练习 2】使用 TOAD 登录新创建的用户，执行简单的查询。

1.6 练习

1. 以下不是数据库特点的是：
   A. 高速数据传输　　　　　　　B. 较高的数据独立性
   C. 较小的数据冗余　　　　　　D. 多用户数据共享
2. Oracle 数据库属于以下哪种类型：
   A. 网状数据库　　　　　　　　B. 层次数据库
   C. 关系数据库　　　　　　　　D. 面向对象关系数据库
3. Oracle 自带的 SQL 语言环境称为：
   A. SQL　　　　　　　　　　　B. PL/SQL
   C. SQL*Plus　　　　　　　　　D. TOAD
4. 显示登录的用户名，可以用的命令是：
   A. DESCRIB user　　　　　　　B. SELECT user
   C. SHOW user　　　　　　　　D. REM user
5. 可变长度的字符串类型，用以下的哪个关键字表示：
   A. CHAR　　　　　　　　　　　B. VARCHAR2
   C. BOOLEAN　　　　　　　　　D. NUMBER

第 2 章 数据查询

本章重点介绍 Oracle 数据库的查询技术。所谓查询,就是从已经存在的表中检索数据,并显示检索的结果。查询按功能分成多种类型。查询语句在书写上也有特定的语法要求。

【本章要点】
- ◆ SQL 语言的概念。
- ◆ 掌握查询语句的语法和功能。
- ◆ 进行简单的条件查询操作。
- ◆ 掌握子查询、多表查询、统计查询等高级查询功能。
- ◆ 能够正确使用 SQL 的各种函数。

2.1 数据库查询语言 SQL

SQL 是 Structured Query Language(结构化查询语言)的缩写,它是目前使用最广泛的数据库语言。SQL 是由 IBM 发展起来的,后来被许多数据库软件公司接受而成为业内的一个标准,各种关系数据库都必须遵循和使用这个标准。绝大多数软件开发环境都可以在应用程序中嵌入 SQL 语句,这样使得应用程序对数据库的访问可以独立于具体的数据库管理系统,即软件开发人员可以不考虑具体的数据库管理系统,按照这一标准来开发数据库应用程序。但是值得一提的是,每个数据库厂商都对这个标准进行了某种程度的扩充,以满足特定环境的需要。

2.1.1 SQL 语言的特点和分类

SQL 语言有以下的主要特点:
- SQL 语言可以在 Oracle 数据库中创建、存储、更新、检索和维护数据,其中主要的功能是实现数据的查询和数据的插入、删除、修改等操作。
- SQL 语言在书写上类似于英文,简洁清晰,易于理解。它由关键字、表名、字段名、表达式等部分构成。
- SQL 语言属于非过程化的 4GL(第四代语言)。
- SQL 语言按功能可分为 DDL 语言、DML 语言、DCL 语言和数据库事务处理语言四个类别。

- SQL 语言的主要关键字有：ALTER、DROP、REVOKE、AUDIT、GRANT、ROLLBACK、COMMIT、INSERT、SELECT、COMMENT、LOCK、UPDATE、CREATE、NOAUDIT、VALIDATE、DELETE、RENAME 等。

按照 SQL 语言的不同功用，可以进一步对 SQL 语言进行划分。下表给出了 SQL 语言的分类和功能简介。

表 2-1 SQL 语言的分类

类 别	功 能	举 例
数据库控制语言 (DCL)	控制对数据库的访问，启动和关闭等	对系统权限进行授权和回收的 GRANT、REVOKE 等语句
数据库定义语言 (DDL)	用来创建、删除及修改数据库对象	创建表和索引的 CREATE TABLE、ALTER INDEX 等语句
数据库操纵语言 (DML)	用来操纵数据库的内容，包括查询	查询、插入、删除、修改和锁定操作的 SELECT、INSERT、UPDATE、DELETE、LOCK TABLE 等语句
数据库事务处理	实现对数据的交易过程的完整控制	与数据库事物处理相关的 COMMIT、ROLLBACK、SAVEPOINT、SET TRANSACTION 等语句

2.1.2 SQL 的基本语法

SQL 语言的语法比较简单，类似于书写英文的语句。其语句一般由主句和若干个从句组成，主句和从句都由关键字引导。主句表示该语句的主要功能，从句表示一些条件或限定，有些从句是可以省略的。在语句中会引用到列名、表名或表达式。另外还有如下一些说明：

- 关键字、字段名、表名等之间都要用空格或逗号等进行必要的分隔。
- 语句的大小写不敏感(查询的内容除外)。
- 语句可以写在一行或多行。
- 语句中的关键字不能略写和分开写在两行。
- 要在每条 SQL 语句的结束处添加";"号。
- 为了提高可读性，可以使用缩进。
- 从句一般写在另一行的开始处。

查询语句是最常见的 SQL 语句，它从给定的表中，把满足条件的内容检索出来。以下是最基本的 SELECT 语句语法。

SELECT 字段名列表 FROM 表名 WHERE 条件;

SELECT 为查询语句的关键字，后跟要查询的字段名列表，字段名列表用来指定检索特定的字段，该关键字不能省略。

字段名列表代表要查询的字段。

FROM 也是查询语句关键字，后面跟要查询的表名，该关键字不能省略。

WHERE 条件限定检索特定的记录，满足"条件"的记录被显示出来，不满足条件的被过滤掉。

语句查询的结果往往是表的一部分行和列。如果字段名列表使用*，将检索全部的字段。

如果省略 WHERE 条件，将检索全部的记录。

【训练 1】　查询部门 10 的雇员。

输入并执行查询：

SELECT * FROM emp WHERE deptno=10;

结果略。

说明：该查询语句从 emp 表中检索出部门 10 的雇员，条件由 WHERE deptno=10 子句指定。

2.2　基本查询和排序

2.2.1　查询的基本用法

在 Oracle 数据库中，对象是属于模式的，每个账户对应一个模式，模式的名称就是账户名称。在表名前面要添加模式的名字，在表的模式名和表名之间用"."分隔。我们以不同的账户登录数据库时，就进入了不同的模式，比如登录到 STUDENT 账户，就进入了 STUDENT 模式。而在 STUDENT 模式要查询属于 SCOTT 模式的表，就需要写成：

SELECT * FROM SCOTT.EMP;

但如果登录用户访问属于用户模式本身的表，那么可以省略表名前面的模式名称。

SELECT * FROM emp;

1．指定检索字段

下面的练习，只显示表的指定字段。

【训练 1】　显示 DEPT 表的指定字段的查询。

输入并执行查询：

SELECT deptno,dname FROM dept;

显示结果如下：

```
    DEPTNO DNAME
---------- --------------
        10 ACCOUNTING
        20 RESEARCH
        30 SALES
        40 OPERATIONS
```

说明：结果只包含 2 列 deptno 和 dname。在语句中给出要显示的列名，列名之间用","分隔。表头的显示默认为全部大写。对于日期和数值型数据，右对齐显示，如 deptno 列。对于字符型数据，左对齐显示，如 dname 列。

【练习 1】显示 emp 表的雇员名称和工资。

2. 显示行号

每个表都有一个虚列 ROWNUM，它用来显示结果中记录的行号。我们在查询中也可以显示这个列。

【训练 2】 显示 EMP 表的行号。

输入并执行查询：

SELECT rownum,ename FROM emp;

结果如下：

```
  ROWNUM ENAME
---------- ----------
         1 SMITH
         2 ALLEN
         3 WARD
         4 JONES
       ：
```

注意：显示的行号是查询结果的行号，数据在数据库中是没有行号的。

3. 显示计算列

在查询语句中可以有算术表达式，它将形成一个新列，用于显示计算的结果，通常称为计算列。表达式中可以包含列名、算术运算符和括号。括号用来改变运算的优先次序。常用的算术运算符包括：

- +：加法运算符。
- −：减法运算符。
- *：乘法运算符。
- /：除法运算符。

以下训练在查询中使用了计算列。

【训练 3】 显示雇员工资上浮 20%的结果。

输入并执行查询：

SELECT ename,sal,sal*(1+20/100) FROM emp;

显示结果为：

```
ENAME        SAL      SAL*(1+20/100)
---------- ---------- --------------
SMITH         800            960
ALLEN        1600           1920
   ：
```

说明：结果中共显示了 3 列，第 3 列显示工资上浮 20%的结果，它不是表中存在的列，而是计算产生的结果，称为计算列。

【练习 2】 显示 EMP 表的雇员名称以及工资和津贴的和。

4．使用别名

我们可以为表的列起一个别名，它的好处是，可以改变表头的显示。特别是对于计算列，可以为它起一个简单的列别名以代替计算表达式在表头的显示。

【训练4】 在查询中使用列别名。

输入并执行：

SELECT ename AS 名称, sal 工资 FROM emp;

显示结果为：

```
名称              工资
--------------- ----------------
SMITH            800
ALLEN           1600
   ⋮
```

说明： 表头显示的是列别名，转换为汉字显示。在列名和别名之间要用 AS 分隔，如 ename 和它的别名"名称"之间用 AS 隔开。AS 也可以省略，如 sal 和它的别名"工资"之间用空格分割。

注意： 如果用空格分割，要区别好列名和别名，前面为列名，后面是别名。

别名如果含有空格或特殊字符或大小写敏感，需要使用双引号将它引起来。

【训练5】 在列别名上使用双引号。

输入并执行查询：

SELECT ename AS "Name", sal*12+5000 AS "年度工资(加年终奖)" FROM emp;

显示结果为：

```
Name            年度工资(加年终奖)
--------------- ------------------------------
SMITH           14600
ALLEN           24200
   ⋮
```

说明： 其中别名"Name"有大小写的区别，别名"年度工资(加年终奖)"中出现括号，属于特殊符号，所以都需要使用双引号将别名引起。

【练习3】 显示 DEPT 表的内容，使用别名将表头转换成中文显示。

5．连接运算符

在前面，我们使用到了包含数值运算的计算列，显示结果也是数值型的。我们也可以使用字符型的计算列，方法是在查询中使用连接运算。连接运算符是双竖线"||"。通过连接运算可以将两个字符串连接在一起。

【训练6】 在查询中使用连接运算。

输入并执行查询：

SELECT   ename||job AS "雇员和职务表" FROM emp;

输出结果为:

雇员和职务表

SMITHCLERK
ALLENSALESMAN
　 :

说明: 在本例中,雇员名称和职务列被连接成为一个列显示。

在查询中可以使用字符和日期的常量,表示固定的字符串或固定日期。字符和日期的常量需要用单引号引起。下一个训练是作为上一个训练的改进。

【训练 7】 在查询中使用字符串常量。

输入并执行查询:

SELECT　ename|| ' IS '||job AS "雇员和职务表" FROM emp;

输出结果为:

雇员和职务表

SMITH IS CLERK
ALLEN IS SALESMAN
　 :

说明: 本练习中将雇员名称、字符串常量" IS "和雇员职务 3 个部分连接在一起。

【练习 4】 显示 DEPT 表的内容,按以下的形式:

部门 ACCOUNTING 所在的城市为 NEW YORK
　 :

6. 消除重复行

如果在显示结果中存在重复行,可以使用的关键字 DISTINCT 消除重复显示。

【训练 8】 使用 DISTINCT 消除重复行显示。

输入并执行查询:

SELECT DISTINCT job FROM emp;

结果为:

JOB

ANALYST
CLERK
MANAGER
PRESIDENT
SALESMAN

说明: 在本例中,如果不使用 DISTINCT 关键字,将重复显示雇员职务,DISTINCT 关键字要紧跟在 SELECT 之后。请去掉 DISTINCT 关键字,重新执行,并观察显示结果的不同。

【练习 5】显示 EMP 表中不同的部门编号。

2.2.2 查询结果的排序

如果要在查询的同时排序显示结果,可以使用如下的语句:

　　　SELECT 字段列表 FROM 表名 WHERE 条件
　　　ORDER BY 字段名 1 [ASC|DESC][,字段名 2 [ASC|DESC]…];

ORDER BY 从句后跟要排序的列。ORDER BY 从句出现在 SELECT 语句的最后。

排序有升序和降序之分,ASC 表示升序排序,DESC 表示降序排序。如果不指明排序顺序,默认的排序顺序为升序。如果要降序,必须书写 DESC 关键字。

1. 升序排序

【训练 1】　查询雇员姓名和工资,并按工资从小到大排序。

输入并执行查询:

```
SELECT ename, sal FROM emp ORDER BY sal;
```

执行结果为:

```
ENAME              SAL
------------   --------------------
SMITH              800
JAMES              950
  :
```

注意:若省略 ASC 和 DESC,则默认为 ASC,即升序排序。

2. 降序排序

【训练 2】　查询雇员姓名和雇佣日期,并按雇佣日期排序,后雇佣的先显示。

输入并执行查询:

```
SELECT ename,hiredate FROM emp ORDER BY hiredate DESC;
```

结果如下:

```
ENAME          HIREDATE
------------   --------------------
ADAMS          23-5月 -87
SCOTT          19-4月 -87
MILLER         23-1月 -82
JAMES          03-12月-81
FORD           03-12月-81
  :
```

注意:　DESC 表示降序排序,不能省略。

3. 多列排序

可以按多列进行排序,先按第一列,然后按第二列、第三列……。

【训练3】 查询雇员信息,先按部门从小到大排序,再按雇佣时间的先后排序。
输入并执行查询:
SELECT ename,deptno,hiredate FROM emp ORDER BY deptno,hiredate;
结果如下:

```
ENAME          DEPTNO HIREDATE
-------------- ------ ---------
CLARK              10 09-6月 -81
KING               10 17-11月-81
MILLER             10 23-1月 -82
SMITH              20 17-12月-80
JONES              20 02-4月 -81
FORD               20 03-12月-81
SCOTT              20 19-4月 -87
   ⋮
```

说明:该排序是先按部门升序排序,部门相同的情况下,再按雇佣时间升序排序。

4. 在排序中使用别名

如果要对计算列排序,可以为计算列指定别名,然后按别名排序。

【训练4】 按工资和工作月份的乘积排序。
输入并执行查询:
SELECT empno, ename, sal*Months_between(sysdate,hiredate) AS total FROM emp
ORDER BY total;
执行结果为:

```
 EMPNO ENAME          TOTAL
------ ---------- ----------
  7876 ADAMS       221526.006
  7369 SMITH       222864.661
  7900 JAMES       253680.817
  7654 MARTIN      336532.484
   ⋮
```

说明:求得雇员工作月份的函数 Months_between 将在后面介绍。sysdate 表示当前日期。
【练习1】将部门表中的部门名称按字母顺序显示。

2.3 条 件 查 询

由于表中的数据很多,因此通常我们并不显示全部的数据,而是从表中检索出满足某些条件的数据。比如,我们要显示一下"职务"为"经理"的雇员或显示一下工资小于1000

的雇员。一旦给定一个限定条件，只有满足条件的数据才会从数据库中被检索出来。按条件检索数据是数据库最常见的操作。

2.3.1 简单条件查询

要对显示的行进行限定，可在 FROM 从句后使用 WHERE 从句，在 WHERE 从句中给出限定的条件，因为限定条件是一个表达式，所以称为条件表达式。条件表达式中可以包含比较运算，表达式的值为真的记录将被显示。常用的比较运算符列于表 2-2 中。

表 2-2 比 较 运 算 符

运算符	功 能	实 例
>,<	大于，小于	Select * from emp where sal>2000
>=,<=	大于等于，小于等于	Select * from emp where sal>=2000
=	等于	Select * from emp where deptno=10
!=,<>,^=	不等于	Select * from emp where deptno!=10

【训练 1】 显示职务为"SALESMAN"的雇员的姓名、职务和工资。

输入并执行查询：

SELECT ename,job,sal FROM emp WHERE job='SALESMAN';

执行结果为：

```
ENAME         JOB              SAL
----------    ------------    --------
ALLEN         SALESMAN         1600
WARD          SALESMAN         1250
MARTIN        SALESMAN         1250
TURNER        SALESMAN         1500
```

说明：结果只显示职务为"SALESMAN"的雇员。字符串和日期型数据的值是包含在单引号中的，如 SALESMAN，需要用单引号引起。字符的值对大小写敏感，在 emp 表中存放的职务字符串全部是大写。

注意：在本练习中，如果 SALESMAN 写成小写或大小写混合，将不会有查询结果输出。

【训练 2】 显示工资大于等于 3000 的雇员姓名、职务和工资。

输入并执行查询：

SELECT ename, job,sal FROM emp WHERE sal>=3000;

执行结果为：

```
ENAME         JOB              SAL
----------    ------------    --------
SCOTT         ANALYST          3000
KING          PRESIDENT        5000
FORD          ANALYST          3000
```

说明：结果只显示工资大于等于 3000 的雇员。

缺省中文日期格式为 DD-MM 月-YY，如 2003 年 1 月 10 日应该表示为"10-1 月-03"。

【训练 3】 显示 1982 年以后雇佣的雇员姓名和雇佣时间。

输入并执行查询：

SELECT ename,hiredate FROM emp WHERE hiredate>='1-1 月-82';

执行结果为：

```
ENAME          HIREDATE
---------------   --------------------
SCOTT          19-4 月 -87
ADAMS          23-5 月 -87
MILLER         23-1 月 -82
```

说明：检查 hiredate 字段的内容，都在 82 年以后。

【练习 1】显示部门编号为 10 的雇员姓名和雇佣时间。

2.3.2 复合条件查询

可以用逻辑运算符构成复合的条件查询，即把两个或多个条件，用逻辑运算符连接成一个条件。有 3 个逻辑运算符，如表 2-3 所示。

表 2-3 逻辑运算符

运算符	说 明	实 例
AND	逻辑与，表示两个条件必须同时满足	Select * from emp where sal>1000 and sal<2000
OR	逻辑或，表示两个条件中有一个条件满足即可	Select * from emp where deptno=10 or deptno=20
NOT	逻辑非，返回与某条件相反的结果	Select * from emp where not job='MANAGER'

运算的优先顺序是 NOT，AND，OR。如果要改变优先顺序，可以使用括号。

下面是使用逻辑与运算的练习。

1．使用逻辑与

【训练 1】 显示工资在 1000～2000 之间(不包括 1000 和 2000)的雇员信息。

输入并执行查询：

SELECT ename, job,sal FROM emp WHERE sal>1000 AND sal<2000;

执行结果为：

```
ENAME          JOB              SAL
---------------   --------------------   ------------------
ALLEN          SALESMAN         1600
WARD           SALESMAN         1250
MARTIN         SALESMAN         1250
```

TURNER	SALESMAN	1500
ADAMS	CLERK	1100
MILLER	CLERK	1300

说明：两个条件需要同时满足，所以必须使用 AND 运算。

注意：条件 sal>1000 AND sal<2000 不能写成 sal>1000 AND <2000。

【练习1】显示部门 10 中工资大于 1500 的雇员。

2．使用逻辑或

下面是使用逻辑或运算的练习。

【训练2】 显示职务为 CLERK 或 MANAGER 的雇员信息。

输入并执行查询：

SELECT * FROM emp WHERE job='CLERK' OR job='MANAGER';

执行结果从略。

说明：检索职务为'CLERK'或'MANAGER'的雇员，需要使用 OR 运算，请自行察看结果。

注意：条件 job='CLERK' OR job='MANAGER'不能写成 job='CLERK' OR 'MANAGER'。

3．使用逻辑非

下面是使用逻辑非运算的练习。

【训练3】 显示部门 10 以外的其他部门的雇员。

输入并执行查询：

SELECT * FROM emp WHERE NOT deptno=10;

执行结果从略。

说明：执行结果包含部门编号不等于 10 的其他部门的雇员，请自行察看结果。

4．使用逻辑或和逻辑与

下面是同时使用逻辑或和逻辑与的复合练习。

【训练4】 显示部门 10 和部门 20 中工资小于 1500 的雇员。

输入并执行查询

SELECT * FROM emp WHERE (deptno=10 OR deptno=20) AND sal<1500;

执行结果为：

EMPNO	ENAME	JOB	MGR	HIREDATE	SAL	COMM	DEPTNO
7369	SMITH	CLERK	7902	17-12月-80	800		20
7876	ADAMS	CLERK	7788	23-5月-87	1100		20
7934	MILLER	CLERK	7782	23-1月-82	1300		10

注意：该练习中的括号是不可省的。如果省略，意义有所不同。

【练习2】请说明在如上练习中如果省略括号，该语句所代表的含义和查询的结果。

2.3.3 条件特殊表示法

使用如表 2-4 所示的特殊运算表示法，可使语句更为直观，易于理解。

表 2-4 特殊运算符

运算	功能	实例
[NOT] BETWEEN…AND…	用于测试是否在范围内	Select * from emp Where sal between 1000 and 2000
[NOT] IN (…)	用于测试是否在列表中	Select*from emp Where job in('CLERK','SALESMAN','ANYLYST')
[NOT] LIKE	用于进行模式匹配	Select * from emp Where ename like '%A%'
IS [NOT] NULL	用于测试是否为空值	Select * from emp Where comm is not null
ANY SOME	同列表或查询中的每一个值进行比较，测试是否有一个满足，前面必须使用的运算符包括=、!=、>=、<=、>、<等	Select * from emp Where sal<any(select sal from emp where deptno=10)
ALL	同列表或查询中的每一个值进行比较，测试是否所有的值都满足，前面必须使用的运算符包括=、!=、>=、<=、>、<等	Select*from emp Where sal<all(1000,1500,2000)
[NOT] EXISTS	测试是否子查询至少返回一行	Select '存在雇员 SCOTT' from dual where exists(select*from emp where ename='SCOTT');

1. BETWEEN 的用法

对于数值型或日期型数据，表示范围时可以用以下的特殊运算表示方法：

　　[NOT] BETWEEN… AND…

【训练 1】 显示工资在 1000～2000 之间的雇员信息。

输入并执行查询：

SELECT * FROM emp WHERE sal BETWEEN 1000 AND 2000;

执行结果从略。

注意：下限在前，上限在后，不能颠倒。查询范围中包含上下限的值，因此在本例中，查询工资包含 1000 和 2000 在内。请自行执行并察看结果。

2. IN 的用法

使用以下运算形式，可以显示值满足特定集合的结果：

　　[NOT] IN (…)

【训练 2】 显示职务为"SALESMAN'，"CLERK"和"MANAGER"的雇员信息。

输入并执行查询：

SELECT * FROM emp WHERE job IN ('SALESMAN','CLERK','MANAGER');

执行结果从略。

注意：如果在 IN 前面增加 NOT，将显示职务不在集合列表中的雇员。以上用法同样适用于数值型集合，请自行执行并察看结果。

【练习1】显示部门10和20的雇员信息。

3. LIKE 的用法

使用 LIKE 操作符可完成按通配符查找字符串的查询操作,该操作符适合于对数据进行模糊查询。其语句法为:

[NOT] LIKE 匹配模式

匹配模式中除了可以包含固定的字符之外,还可以包含以下的通配符:

%: 代表 0 个或多个任意字符。

_: 代表一个任意字符。

【训练3】 显示姓名以"S"开头的雇员信息。

输入并执行查询:

SELECT * FROM emp WHERE ename LIKE 'S%';

执行结果为:

EMPNO	ENAME	JOB	MGR	HIREDATE	SAL	COMM	DEPTNO
7369	SMITH	CLERK	7902	17-12月-80	800		20
7788	SCOTT	ANALYST	7566	19-4月-87	3000		20

说明:SMITH 和 SCOTT 名字均以 S 开头,名字后边的字符和长度任意。

【训练4】 显示姓名第二个字符为"A"的雇员信息。

执行查询:

SELECT * FROM emp WHERE ename LIKE '_A%';

执行结果从略,请自行执行并察看结果。

说明:"_"代表第一个字符任意,第二个字符必须为"A","%"代表第二个字符后面的字符为任意字符,个数任意。

【练习2】显示姓名中包含字符"A"的雇员信息。

4. 判断空值 NULL

在表中,字段值可以是空,表示该字段没有内容。如果不填写,或设置为空则我们说该字段的内容为 NULL。NULL 没有数据类型,也没有具体的值,但是使用特定运算可以判断出来。这个运算就是:

IS   [NOT] NULL

【训练5】 显示经理编号没有填写的雇员。

输入并执行查询:

SELECT   ename, mgr FROM emp WHERE mgr IS NULL;

执行结果为:

ENAME   MGR
---------- ----------
KING

注意：以下用法是错误的。
SELECT ename, mgr FROM emp WHERE mgr=NULL;

2.4 函 数

Oracle 数据库有一套功能强大的函数集，函数可以应用于程序或查询中，从而提高 SQL 语句的处理能力。在查询中甚至还可以使用程序员编写的存储函数。

函数有两种：单行函数和组函数。单行函数只操作一行并返回一个结果。组函数操作由分组确定的行数，返回一个结果。

区别于后面讲述的组函数，这里介绍的是单行函数。Oracle 的函数根据返回值的类型可分为数值型、字符型、日期型和类型转换函数。函数一般需要输入参数，并返回特定类型的计算结果。如果是在 SELECT 语句中使用，单行函数可以应用于 SELECT 子句、WHERE 子句和 ORDER BY 子句中，也可以在 UPDATE、INSERT 和 DELETE 语句中使用，这时函数对每一行都会起作用。

在函数的测试过程中，我们可以使用 DUAL 表。DUAL 表是一个所有用户都可以使用的只包含一行的虚拟表。比如测试求绝对值函数可以使用如下的查询语句：

SELECT abs(-5) FROM dual;

结果为：

```
ABS(-5)
----------
      5
```

2.4.1 数值型函数

常用的数值型函数如表 2-5 所示。

表 2-5 数值型函数

函数	功能	实例	结果
abs	求绝对值函数	abs(-5)	5
sqrt	求平方根函数	sqrt(2)	1.41421356
power	求幂函数	power(2,3)	8
cos	求余弦三角函数	cos(3.14159)	-1
mod	求除法余数	mod(1600, 300)	100
ceil	求大于等于某数的最小整数	ceil(2.35)	3
floor	求小于等于某数的最大整数	floor(2.35)	2
round	按指定精度对十进制数四舍五入	round(45.923, 1) round(45.923, 0) round(45.923, -1)	45.9 46 50
trunc	按指定精度截断十进制数	trunc(45.923, 1) trunc(45.923) trunc(45.923, -1)	45.9 45 40

除上表所列,还有一些函数,如 sin、tan、asin、exp、ln 和 log 等数学函数,在这里不作详细介绍。

【训练 1】 使用数值型函数练习。

步骤 1:使用求绝对值函数 abs。

SELECT abs(-5) FROM dual;

执行结果:

```
  ABS(-5)
----------
        5
```

说明:求-5 的绝对值,结果为 5。

步骤 2:使用求平方根函数 sqrt。

SELECT sqrt(2) FROM dual;

执行结果:

```
   SQRT(2)
----------
1.41421356
```

说明:2 的平方根为 1.41421356。

步骤 3:使用 ceil 函数。

SELECT ceil(2.35) FROM dual;

执行结果:

```
CEIL(2.35)
----------
         3
```

说明:该函数求得大于等于 2.35 的最小整数,结果为 3。

步骤 4:使用 floor 函数。

SELECT floor(2.35) FROM dual;

执行结果:

```
FLOOR(2.35)
-----------
          2
```

说明:该函数求得小于等于 2.35 的最大整数,结果为 2。

步骤 5:使用四舍五入函数 round。

SELECT round(45.923,2), round(45.923,0), round(45.923,-1) FROM dual;

执行结果:

```
ROUND(45.923,2) ROUND(45.923,0) ROUND(45.923,-1)
--------------- --------------- ----------------
          45.92              46               50
```

说明:该函数按照第二个参数指定的位置对第一个数进行四舍五入。2 代表对小数点后第三位进行四舍五入,0 代表对小数位进行四舍五入,-1 代表对个位进行四舍五入。

步骤 6：使用截断函数 trunc。
SELECT trunc(45.923,2), trunc(45.923),trunc(45.923, −1) FROM dual;
执行结果：
TRUNC(45.923,2) TRUNC(45.923) TRUNC(45.923, −1)
--------------- ------------- -----------------
         45.92   45   40

说明：该函数按照第二个参数指定的位置对第一个数进行截断。2 代表对小数点后第三位进行截断，0 代表对小数位进行截断，−1 代表对个位进行截断。

步骤 7：使用求余数函数 mod。
SELECT mod(1600, 300) FROM dual;
执行结果：
MOD(1600,300)

          100

说明：1600 除以 300 的商为 5，余数为 100。

步骤 8：使用 cos 函数。
SELECT cos(3.14159) FROM dual;
执行结果：
COS(3.14159)

          −1

说明：cos 函数的输入参数应为弧度，3.14159 的 cos 值为−1。

函数可以嵌套使用，看如下例子。

【训练 2】 求|sin(230º)|的值，保留一位小数。

步骤 1：执行查询。
SELECT sin(230*3.14159/180) FROM dual;
结果为：
SIN(230*3.14159/180)

         −.76604226

说明：先将 230º 转换成为弧度，然后进行计算求值。

步骤 2：求绝对值。
SELECT abs(sin(230*3.14159/180)) FROM dual;
结果为：
ABS(SIN(230*3.14159/180))

               .766042264

说明：本步骤求绝对值。

步骤 3：保留一位小数。
SELECT round(abs(sin(230*3.14159/180)),1) FROM dual;
结果为：
ROUND(ABS(SIN(230*3.14159/180)),1)

                                     .8
说明：本步骤进行四舍五入，保留小数点后 1 位。

【练习 1】求 $2^{3/2}$，四舍五入，保留一位小数。

2.4.2 字符型函数

字符型函数包括大小写转换和字符串操作函数。大小写转换函数有 3 个。常用的字符型函数如表 2-6 所示。

表 2-6 字 符 函 数

函数名称	功　能	实　例	结　果
ascii	获得字符的 ASCII 码	Ascii('A')	65
chr	返回与 ASCII 码相应的字符	Chr(65)	A
lower	将字符串转换成小写	lower ('SQL Course')	sql course
upper	将字符串转换成大写	upper('SQL Course')	SQL COURSE
initcap	将字符串转换成每个单词以大写开头	initcap('SQL course')	Sql Course
concat	连接两个字符串	concat('SQL', ' Course')	SQL Course
substr	给出起始位置和长度，返回子字符串	substr('String',1,3)	Str
length	求字符串的长度	length('Wellcom')	7
instr	给出起始位置和出现的次数，求子字符串在字符串中出现的位置	instr('String', 'r',1,1)	3
lpad	用字符填充字符串左侧到指定长度	lpad('Hi',10,'-')	--------Hi
rpad	用字符填充字符串右侧到指定长度	rpad('Hi',10,'-')	Hi--------
trim	在一个字符串中去除另一个字符串	trim('S' FROM 'SSMITH')	MITH
replace	用一个字符串替换另一个字符串中的子字符串	replace('ABC', 'B', 'D')	ADC

在理解上表的基础上，给出字符函数的一些应用。

【训练 1】 如果不知道表的字段内容是大写还是小写，可以转换后比较。
输入并执行查询：
SELECT empno, ename, deptno FROM emp
WHERE lower(ename) ='blake';
结果为：
　　EMPNO ENAME　　　　　　DEPTNO

```
      7698 BLAKE                    30
```

说明： 该查询将表中的雇员名转换成小写，与小写的 blake 进行比较。

【训练 2】 显示雇员名称和职务列表。

输入并执行查询：

SELECT   concat(rpad(ename,15,'.'),job) as 职务列表 FROM   emp;

结果为：

```
职务列表
---------------------------------------
SMITH..........CLERK
ALLEN..........SALESMAN
WARD...........SALESMAN
     :
```

说明： rpad 函数向字符串的右侧添加字符，以达到指定宽度。该例中雇员名称右侧连接若干个"."，凑足 15 位，然后与雇员职务连接成列表。本例中使用了函数的嵌套。

【训练 3】 显示名称以"W"开头的雇员，并将名称转换成以大写开头。

输入并执行查询：

　　SELECT empno,initcap(ename),job FROM emp
　　WHERE substr(ename,1,1)='W';

结果为：

```
  EMPNO INITCAP(EN JOB
------- ---------- ---------
   7521 Ward       SALESMAN
```

说明： 本例在字段列表和查询条件中分别应用了函数 initcap 和 substr。函数 initcap 将雇员名称转换成以大写开头。函数 substr 返回 ename 从第一个字符位置开始，长度为 1 的字符串，即第一个字符，然后同大写 W 比较。

【训练 4】 显示雇员名称中包含"S"的雇员名称及名称长度。

输入并执行查询：

　　SELECT empno,ename,length(ename) FROM emp
　　WHERE instr(ename, 'S', 1, 1)>0;

执行结果为：

```
  EMPNO ENAME     LENGTH(ENAME)
------- --------- -------------
   7369 SMITH                 5
   7566 JONES                 5
     :
```

说明：本例在字段列表和查询条件中分别应用了函数 length 和 instr。Length 函数返回 ename 的长度。instr(ename,'S'1,1)函数返回 ename 中从第一个字符位置开始，字符串"S"第一次出现的位置。如果函数返回 0，则说明 ename 中不包含字符串"S"；如果函数返回值大于 0，则说明 ename 中包含字符串"S"。

【练习 1】显示部门表中部门和所在城市列表，中间以下划线"_"连接，城市名转换成以大写字母开头。

2.4.3 日期型函数

Oracle 使用内部数字格式来保存时间和日期，包括世纪、年、月、日、小时、分、秒。缺省日期格式为 DD-MON-YY，如"08-05 月-03"代表 2003 年 5 月 8 日。

SYSDATE 是返回系统日期和时间的虚列函数。

使用日期的加减运算，可以实现如下功能：

- 对日期的值加减一个天数，得到新的日期。
- 对两个日期相减，得到相隔天数。
- 通过加小时来增加天数，24 小时为一天，如 12 小时可以写成 12/24(或 0.5)。

还有如表 2-7 所示的日期函数可以使用。

表 2-7 日 期 函 数

函 数	功 能	实 例	结 果
months_between	返回两个日期间的月份	months_between ('04-11 月-05','11-1 月-01')	57.7741935
add_months	返回把月份数加到日期上的新日期	add_months('06-2 月-03',1) add_months('06-2 月-03',-1)	06-3 月-03 06-1 月-03
next_day	返回指定日期后的星期对应的新日期	next_day('06-2 月-03','星期一')	10-2 月-03
last_day	返回指定日期所在的月的最后一天	last_day('06-2 月-03')	28-2 月-03
round	按指定格式对日期进行四舍五入	round(to_date('13-2 月-03'),'YEAR') round(to_date('13-2 月-03'),'MONTH') round(to_date('13-2 月-03'),'DAY')	01-1 月-03 01-2 月-03 16-2 月-03 (按周四舍五入)
trunc	对日期按指定方式进行截断	trunc(to_date('06-2 月-03'),'YEAR') trunc(to_date('06-2 月-03'),'MONTH') trunc(to_date('06-2 月-03'),'DAY')	01-1 月-03 01-2 月-03 02-2 月-03 (按周截断)

【训练 1】 返回系统的当前日期。

输入并执行查询：

SELECT sysdate FROM dual;

返回结果为：

SYSDATE

06-2 月-03

说明：该查询返回执行该查询时的数据库服务器的系统当前时间，日期显示格式为默认格式，如"06-2月-03"表示03年2月6日。

【训练2】 返回2003年2月的最后一天。
输入并执行查询：
SELECT last_day('08-2月-03') FROM dual;
返回结果为：
LAST_DAY('

28-2月-03

说明：该函数给定参数为某月份的任意一天，返回时间为该月份的最后一天。本例中，参数为03年2月8号，返回日期为03年2月28日，是该月的最后一天。

【训练3】 假定当前的系统日期是2003年2月6日，求再过1000天的日期。
输入并执行查询：
SELECT sysdate+1000 AS "NEW DATE" FROM dual;
返回结果为：
NEW DATE

04-11月-05

说明：该查询使用到了日期的加法运算，求经过一定天数后的新日期。

【训练4】 假定当前的系统日期是2003年2月6日，显示部门10雇员的雇佣天数。
输入并执行查询：
SELECT ename, round(sysdate-hiredate) DAYS
FROM   emp
WHERE   deptno = 10;
返回结果为：

ENAME	DAYS
CLARK	7913
KING	7752
MILLER	7685

说明：该查询使用日期的减法运算求两个日期的相差天数。用round函数对天数进行四舍五入。

【练习1】显示雇员名称和雇佣的星期数。
【练习2】显示从本年1月1日开始到现在经过的天数(当前时间取SYSDATE的值)。

2.4.4 转换函数

Oracle 的类型转换分为自动类型转换和强制类型转换。常用的类型转换函数有 TO_CHAR、TO_DATE 或 TO_NUMBER,如表 2-8 所示。

表 2-8 类型转换函数

函 数	功 能	实 例	结 果
To_char	转换成字符串类型	To_char(1234.5, '$9999.9')	$1234.5
To_date	转换成日期类型	To_date('1980-01-01', 'yyyy-mm-dd')	01-1月-80
To_number	转换成数值类型	To_number('1234.5')	1234.5

1. 自动类型转换

Oracle 可以自动根据具体情况进行如下的转换:
- 字符串到数值。
- 字符串到日期。
- 数值到字符串。
- 日期到字符串。

以下是自动转换的训练。

【训练 1】 自动转换字符型数据到数值型。

输入并执行查询:

SELECT '12.5'+11 FROM dual;

执行结果为:

'12.5'+11

    23.5

说明:在本训练中,因为出现+运算符,说明进行的是算术运算,所以字符串'12.5'被自动转换成数值 12.5,然后参加运算。

【训练 2】 自动转换数值型数据到字符型。

执行以下查询:

SELECT '12.5'||11 FROM dual;

结果为:

'12.5'

12.511

说明:在本训练中,因为出现||运算符,说明进行的是字符串连接运算,数值 11 被自动转换成字符串'11',然后参加运算。

2. 日期类型转换

将日期型转换成字符串时,可以按新的格式显示。

如格式 YYYY-MM-DD HH24:MI:SS 表示"年-月-日 小时:分钟:秒"。Oracle 的日期类型是包含时间在内的。

主要的日期格式字符的含义如表 2-9 所示。

表 2-9 日期转换格式字符

代 码	代表的格式	例 子
AM、PM	上午、下午	08 AM
D	数字表示的星期(1～7)	1,2,3,4,5,6,7
DD	数字表示月中的日期(1～31)	1,2,3,…,31
MM	两位数的月份	01,02,…,12
Y、YY、YYY、YYYY	年份的后几位	3,03,003,2003
RR	解决 Y2K 问题的年度转换	
DY	简写的星期名	MON,TUE,FRI,…
DAY	全拼的星期名	MONDAY,TUESDAY,…
MON	简写的月份名	JAN,FEB,MAR,…
MONTH	全拼的月份名	JANUARY,FEBRUARY,…
HH、HH12	12 小时制的小时(1～12)	1,2,3,…,12
HH24	24 小时制的小时(0～23)	0,1,2,…,23
MI	分(0～59)	0,1,2,…,59
SS	秒(0～59)	0,1,2,…,59
,./-:;	原样显示的标点符号	
'TEXT'	引号中的文本原样显示	TEXT

【训练 3】 将日期转换成带时间和星期的字符串并显示。

执行以下查询：

SELECT TO_CHAR(sysdate,'YYYY-MM-DD HH24:MI:SS AM DY') FROM dual;

结果为：

TO_CHAR(SYSDATE,'YYYY-MM-DD HH24

2004-02-07 15:44:48 下午 星期六

说明：该语句中的第一个参数表示要转换的日期，第二个参数是格式字符串，表示转换后的格式，结果类型为字符串。"YYYY"为 4 位的年份，"MM"为两位的月份，"DD"为两位的日期，"HH24"表示显示 24 小时制的小时，"MI"表示显示分钟，"SS"表示显示秒，"AM"表示显示上午或下午(本例中为下午)，"DY"表示显示星期。"-"、":"和空格原样显示，用于分割日期和时间。转换出来的系统时间为：2004 年 2 月 7 日(星期六)下午 15 点 44 分 48 秒。

还可以按其他的格式显示。以下查询中插入中文的年月日，其中原样显示部分区别于外层的单引号，需要用双引号引起。

【训练 4】 将日期显示转换成中文的年月日。

输入并执行查询：
SELECT TO_CHAR(sysdate,'YYYY"年"MM"月"DD"日"') FROM dual;

执行结果为：
TO_CHAR(SYSDAT

2003 年 11 月 18 日

说明：双引号中的中文字"年"、"月"、"日"原样显示，单引号为字符串的界定标记，区别于双引号，不能混淆。

【训练 5】 将雇佣日期转换成字符串并按新格式显示。

输入并执行查询：
SELECT   ename, to_char(hiredate, 'DD Month YYYY') HIREDATE
FROM   emp;

执行结果为：

ENAME	HIREDATE
SMITH	17 12 月 1980
ALLEN	20 2 月 1981
⋮	

说明：Month 表示月份的特殊格式，如"12 月"。年度用 4 位显示。

对于数字型的日期格式，可以用数字或全拼格式显示，即在格式字符后面添加 TH 或 SP。TH 代表序列，SP 代表全拼。

【训练 6】 以全拼和序列显示时间。

执行以下查询：
SELECT SYSDATE,to_char(SYSDATE,'yyyysp'),to_char(SYSDATE,'mmspth'),
to_char(SYSDATE,'ddth') FROM dual;

执行结果为：

SYSDATE	TO_CHAR(SYSDATE,'YYYYSP')	TO_CHAR(	TO_C
07-2月 -04	two thousand four	second	07th

说明："two thousand four"为全拼表示的 2004 年；"second"为全拼序列表示的 2 月；"07th"为用序列表示的 7 号。

在格式字符中，前两个字符代表显示结果的大小写。如果格式中的前两个字符是大写，则输出结果的全拼也为大写。如果格式中的前两个字符是小写，则输出结果的全拼也为小写。如果格式中的前两个字符的第一个字符是大写，第二个字符是小写，则输出结果的全拼也为大写开头，后面为字符小写。

【训练7】 时间显示的大小写。

步骤1：执行以下查询：

SELECT SYSDATE,to_char(SYSDATE,'yyyysp') FROM dual;

结果为：

SYSDATE   TO_CHAR(SYSDATE,'YYYYSP')
------------ --
07-2月-04   two thousand four

步骤2：执行以下查询：

SELECT to_char(SYSDATE,'Yyyysp') FROM dual;

结果为：

SYSDATE   TO_CHAR(SYSDATE,'YYYYSP')
------------ --
Two Thousand Four

步骤3：执行以下查询：

SELECT SYSDATE,to_char(SYSDATE,'YYyysp') FROM dual;

结果为：

SYSDATE   TO_CHAR(SYSDATE,'YYYYSP')
------------ --
TWO THOUSAND FOUR

说明：步骤1输出全拼小写的年度，步骤2输出全拼的以大写开头的年度，步骤3输出全拼大写的年度。

【练习1】显示2008年的8月8日为星期几。

3．数字类型转换

将数字型转换成字符串时，也可以按新的格式显示。格式字符含义如表2-10所示。

表2-10 数值转换符

代码	代表的格式	例子
9	代表一位数字，如果是正数，前面是空格，如果是负数，前面是-号	9999
0	代表一位数字，在相应的位置上如果没有数字则出现0	0000
,	逗号，用作组分隔符	99,999
.	小数点，分隔整数和小数	999.9
$	$货币符号	$999.9
L	本地货币符号	L999.99
FM	去掉前后的空格	FM999.99
EEEE	科学计数法	9.9EEEE
S	负数符号-放在开头	S999.9

【训练8】 将数值转换成字符串并按新格式显示。

执行以下查询：

SELECT TO_CHAR(123.45,'0000.00'), TO_CHAR(12345,'L9.9EEEE') FROM dual;

结果为:

```
TO_CHAR( TO_CHAR(12345,'L9.9
------------  --------------------------------
 0123.45          RMB1.2E+04
```

说明:格式字符串中"0"表示一位数字,转换结果中相应的位置上没有数字则添加0。"."表示在相应的位置上显示小数点。"L"将以本地货币符号显示于数字前,在本例中本地货币符号为"RMB"。"EEEE"将显示转换为科学计数法。

【训练 9】 将数值转换成字符串并按新格式显示。

执行以下查询:

SELECT TO_CHAR(sal,'$99,999') SALARY FROM emp
WHERE ename = 'SCOTT';

结果为:

```
SALARY
-----------
 $4,000
```

说明:格式字符串中"$"表示转换结果前面添加$。"9"表示一位数字,"99,999"表示结果可以显示为5位的数字。","表示在相应的位置上添加逗号。如果实际数值位数不足5位,则只显示实际位数,如4000实际位数为4位,则只显示4位。如果实际位数超过5位,则会填充为#号。

2.4.5 其他函数

Oracle 还有一些函数,如 decode 和 nvl,这些函数也很有用,归纳如表 2-11 所示。

表 2-11 其他常用函数

函数	功能	实例	结果
nvl	空值转换函数	nvl(null, '空')	空
decode	实现分支功能	decode(1,1, '男', 2, '女')	男
userenv	返回环境信息	userenv('LANGUAGE')	SIMPLIFIED CHINESE_CHINA.ZHS16GBK
greatest	返回参数的最大值	greatest(20,35,18,9)	35
least	返回参数的最小值	least(20,35,18,9)	9

1. 空值的转换

如果对空值 NULL 不能很好的处理,就会在查询中出现一些问题。在一个空值上进行算术运算的结果都是 NULL。最典型的例子是,在查询雇员表时,将工资 sal 字段和津贴字段 comm 进行相加,如果津贴为空,则相加结果也为空,这样容易引起误解。

使用 nvl 函数,可以转换 NULL 为实际值。该函数判断字段的内容,如果不为空,返回原值;为空,则返回给定的值。

如下 3 个函数，分别用新内容代替字段的空值：

nvl(comm, 0)：用 0 代替空的 Comm 值。

nvl(hiredate, '01-1 月-97')：用 1997 年 1 月 1 日代替空的雇佣日期。

nvl(job, '无')：用"无"代替空的职务。

【训练 1】 使用 nvl 函数转换空值。

执行以下查询：

SELECT ename,nvl(job,'无'),nvl(hiredate,'01-1 月-97'),nvl(comm,0) FROM emp;

结果为：

```
ENAME      NVL(JOB,'N  NVL(HIREDA  NVL(COMM,0)
---------- ----------- ----------- -----------
SMITH      CLERK       17-12 月-80           0
ALLEN      SALESMAN    20-2 月 -81         300
  :
```

说明：本例中，空日期将显示为"01-1 月-97"，空职务显示为"无"，空津贴将显示为 0。

2. decode 函数

decode 函数可以通过比较进行内容的转换，完成的功能相当于分支语句。该函数的第一个参数为要进行转换的表达式，以后的参数成对出现，最后一个参数可以单独出现。如果第一个参数的值与第二个表达式的值相等，则返回第三个表达式的值；如果不等则继续比较，如果它的值与第四个表达式的值相等，则返回第五个表达式的值，以此类推。在参数的最后位置上可以存在单独的参数，如果以上比较过程没有找到匹配值，则返回该参数的值，如果不存在该参数，则返回 NULL。

【训练 2】 将职务转换成中文显示。

执行以下查询：

SELECT ename,decode(job, 'MANAGER', '经理', 'CLERK','职员', 'SALESMAN','推销员', 'ANALYST','系统分析员','未知') FROM emp;

结果为：

```
ENAME      DECODE(JOB
---------- -----------
SMITH      职员
ALLEN      推销员
WARD       推销员
JONES      经理
MARTIN     推销员
BLAKE      经理
CLARK      经理
SCOTT      系统分析员
```

KING	未知
TURNER	推销员
ADAMS	职员
JAMES	职员
FORD	系统分析员
MILLER	职员

已选择 14 行。

说明：在以上训练中，如果 job 字段的内容为"MANAGER"则返回"经理"，如果是"CLERK"则返回"职员"，以此类推。如果不是"MANAGER"、"CLERK"、"SALESMAN"和"ANALYST"之一，则返回"未知"，如 KING 的职务"PRESIDENT"不在上述范围，返回"未知"。

【练习1】对部门表的部门名称和城市名进行转换。

3. userenv 函数

函数 userenv 返回用户环境信息字符串，该函数只有一个字符串类型的参数，参数的内容为如下之一的字符串，可以不区分大小写：

- ISDBA：判断会话用户的角色是否为 SYSDBA，是则返回 TRUE。
- INSTANCE：返回会话连接的 INSTANCE 标识符。
- LANGUAGE：返回语言、地区、数据库字符集信息。
- LANG：返回会话语言的 ISO 简称。
- TERMINAL：返回正在会话的终端或计算机的标识符。

【训练3】 返回用户终端或系统标识信息。

执行以下查询：

SELECT   userenv('TERMINAL') FROM dual;

结果为：

ORASERVER

说明：根据用户使用的机器不同返回的信息不同，在本例中机器标识符 ORASERVER 为主机的名称。

【训练4】 返回语言、地区、数据库字符集信息。

执行以下查询：

SELECT   userenv('LANGUAGE') FROM dual;

结果为：

SIMPLIFIED CHINESE_CHINA.ZHS16GBK

说明：显示当前用户的语言为简体中文(SIMPLIFIED CHINESE)，地区为中国(CHINA)，字符集为 ZHS16GBK。

【练习2】判断用户的角色是否为 SYSDBA。

4．最大、最小值函数

greatest 返回参数列表中的最大值，least 返回参数列表中的最小值。

这两个函数的参数是一个表达式列表，按表达式列表中的第一个表达式的类型对求值后的表达式求得最大或最小值。对字符的比较按 ASCII 码的顺序进行。如果表达式中有 NULL，则返回 NULL。

【训练5】 比较字符串的大小，返回最大值。

执行以下查询：

SELECT   greatest('ABC','ABD','abc', 'abd') FROM dual;

执行结果为：

GRE
------
abd

说明：在上述四个字符串中，大小关系为 abd>abc>ABD>ABC。在 ASCII 码表中，排在后边的字符大，小写字母排在大写字母之后。字符串的比较原则是，先比较第一位，如果相同，则继续比较第二位，依此类推，直到出现大小关系。

2.5 高级查询

在本节中给出更多的查询实例，这些实例涉及多表查询、子查询和统计查询。通过掌握这些查询方法，可以实现更为复杂的查询功能。

2.5.1 多表联合查询

通过连接可以建立多表查询，多表查询的数据可以来自多个表，但是表之间必须有适当的连接条件。为了从多张表中查询，必须识别连接多张表的公共列。一般是在 WHERE 子句中用比较运算符指明连接的条件。

忘记说明表的连接条件是常见的一种错误，这时查询将会产生表连接的笛卡尔积(即一个表中的每条记录与另一个表中的每条记录作连接产生的结果)。一般 N 个表进行连接，需要至少 N-1 个连接条件，才能够正确连接。两个表连接是最常见的情况，只需要说明一个连接条件。

两个以上的表也可以进行连接，在这里不做专门介绍。

两个表的连接有四种连接方式：

- 相等连接。
- 不等连接。
- 外连接。
- 自连接。

1．相等连接

通过两个表具有相同意义的列，可以建立相等连接条件。使用相等连接进行两个表的查询时，只有连接列上在两个表中都出现且值相等的行才会出现在查询结果中。

在下面的练习中，将显示雇员姓名、所在的部门编号和名称，在雇员表 emp 中是没有雇员的部门名称信息的，只有雇员所在部门的编号，部门的信息在另外的部门表 dept 中，两个表具有相同的部门编号列 deptno，可以通过该列建立相等连接。

【训练 1】 显示雇员的名称和所在的部门的编号和名称。

执行以下查询：

SELECT emp.ename,emp.deptno,dept.dname FROM emp,dept
WHERE emp.deptno=dept.deptno;

执行结果如下：

```
ENAME           DEPTNO DNAME
--------------- ------ ----------
SMITH              20  RESEARCH
ALLEN              30  SALES
 ：
```

说明：相等连接语句的格式要求是，在 FROM 从句中依次列出两个表的名称，在表的每个列前需要添加表名，用"."分隔，表示列属于不同的表。在 WHERE 条件中要指明进行相等连接的列。

以上训练中，不在两个表中同时出现的列，前面的表名前缀可以省略。所以以上例子可以简化为如下的表示：

SELECT ename,emp.deptno,dname FROM emp,dept
WHERE emp.deptno=dept.deptno;

【练习 1】省略表前缀，察看执行结果。

【练习 2】执行以下查询(省略表连接条件)并察看执行结果中共有多少记录产生。

SELECT ename,emp.deptno,dname FROM emp,dept

如果表名很长，可以为表起一个别名，进行简化，别名跟在表名之后，用空格分隔。

【训练 2】 使用表别名。

执行以下查询：

SELECT ename,e.deptno,dname FROM emp e,dept d
WHERE e.deptno=d.deptno;

执行结果同上。

说明：emp 表的别名为 e，dept 表的别名为 d。

相等连接还可以附加其他的限定条件。

【训练 3】 显示工资大于 3000 的雇员的名称、工资和所在的部门名称。

执行以下查询：

SELECT ename,sal,dname FROM emp,dept
WHERE emp.deptno=dept.deptno AND sal>3000;

显示结果为:

```
ENAME           SAL DNAME
--------------- --------------- -----------
KING            5000 ACCOUNTING
```

说明:只显示工资大于3000的雇员的名称、工资和部门名称。在相等连接的条件下增加了工资大于3000的条件。增加的条件用AND连接。

2. 外连接

在以上的例子中,相等连接有一个问题:如果某个雇员的部门还没有填写,即保留为空,那么该雇员在查询中就不会出现;或者某个部门还没有雇员,该部门在查询中也不会出现。

为了解决这个问题可以用外连,即除了显示满足相等连接条件的记录外,还显示那些不满足连接条件的行,不满足连接条件的行将显示在最后。外连操作符为(+),它可以出现在相等连接条件的左侧或右侧。出现在左侧或右侧的含义不同,这里用如下的例子予以说明。

【训练4】 使用外连显示不满足相等条件的记录。

步骤1:显示雇员的名称、工资和所在的部门名称及没有任何雇员的部门。

执行以下查询:

SELECT ename,sal,dname FROM emp,dept
WHERE emp.deptno(+)=dept.deptno;

执行结果为:

```
ENAME           SAL DNAME
--------------- ------------- ----------------------
CLARK           2450 ACCOUNTING
KING            5000 ACCOUNTING
MILLER          1300 ACCOUNTING
SMITH            800 RESEARCH
ADAMS           1100 RESEARCH
FORD            3000 RESEARCH
SCOTT           3000 RESEARCH
JONES           2975 RESEARCH
ALLEN           1600 SALES
BLAKE           2850 SALES
MARTIN          1250 SALES
JAMES            950 SALES
TURNER          1500 SALES
WARD            1250 SALES
                     OPERATIONS
```

步骤2：显示雇员的名称、工资和所在的部门名称及没有属于任何部门的雇员。
执行以下查询：
SELECT ename,sal,dname FROM emp,dept
WHERE emp.deptno=dept.deptno(+);
结果从略，请自行执行观察结果。

说明：部门 OPERATION 没有任何雇员。查询结果通过外连显示出该部门。

3．不等连接

还可以进行不等的连接。以下是一个训练实例，其中用到的 salgrade 表的结构如下：
DESC salgrade

名称	是否为空？	类型
GRADE		NUMBER
LOSAL		NUMBER
HISAL		NUMBER

Grade 表示工资等级，losal 和 hisal 分别表示某等级工资的下限和上限。
表的内容为：
SELECT * FROM salgrade;

GRADE	LOSAL	HISAL
1	700	1200
2	1201	1400
3	1401	2000
4	2001	3000
5	3001	9999

【训练5】 显示雇员名称，工资和所属工资等级。
执行以下查询：
SELECT e.ename, e.sal, s.grade FROM emp e,salgrade s
WHERE   e.sal BETWEEN s.losal AND s.hisal;
执行结果为：

ENAME	SAL	GRADE
SMITH	800	1
ADAMS	1100	1
JAMES	950	1
WARD	1250	2
MARTIN	1250	2
MILLER	1300	2

ALLEN	1600	3
TURNER	1500	3
JONES	2975	4
BLAKE	2850	4
CLARK	2450	4
SCOTT	3000	4
FORD	3000	4
KING	5000	5

说明：通过将雇员工资与不同的工资上下限范围相比较，取得工资的等级，并在查询结果中显示出雇员的工资等级。

4．自连接

最后是一个自连接的训练实例，自连接就是一个表，同本身进行连接。对于自连接可以想像存在两个相同的表(表和表的副本)，可以通过不同的别名区别两个相同的表。

【训练6】 显示雇员名称和雇员的经理名称。
执行以下查询：
SELECT worker.ename||' 的经理是 '||manager.ename AS 雇员经理
FROM emp worker, emp manager
WHERE worker.mgr = manager.empno;
执行结果为：

雇员经理

SMITH 的经理是 FORD
ALLEN 的经理是 BLAKE
WARD 的经理是 BLAKE
　　:

说明：为 EMP 表分别起了两个别名 worker 和 manager，可以想像，第一个表是雇员表，第二个表是经理表，因为经理也是雇员。然后通过 worker 表的 mgr(经理编号)字段同 manager 表的 empno(雇员编号)字段建立连接，这样就可以显示雇员的经理名称了。

注意：经理编号 mgr 是雇员编号 empno 之一，所以经理编号可以同雇员编号建立连接。

2.5.2 统计查询

通常需要对数据进行统计，汇总出数据库的统计信息。比如，我们可能想了解公司的总人数和总工资额，或各个部门的人数和工资额，这个功能可以由统计查询完成。

Oracle 提供了一些函数来完成统计工作，这些函数称为组函数，组函数不同于前面介绍和使用的函数(单行函数)。组函数可以对分组的数据进行求和、求平均值等运算。组函数只能应用于 SELECT 子句、HAVING 子句或 ORDER BY 子句中。组函数也可以称为统计函数。

查询公司的总人数需要对整个表应用组函数；查询各个部门的人数，需要对数据进行分组，然后应用组函数进行运算。

常用的组函数如表 2-12 所示。

表 2-12 常用的组函数

函 数	说 明
AVG	求平均值
COUNT	求计数值，返回非空行数，*表示返回所有行
MAX	求最大值
MIN	求最小值
SUM	求和
STDEV	求标准偏差，是根据差的平方根得到的
VARIANCE	求统计方差

分组函数中 SUM 和 AVG 只应用于数值型的列，MAX、MIN 和 COUNT 可以应用于字符、数值和日期类型的列。组函数忽略列的空值。

使用 GROUP BY 从句可以对数据进行分组。所谓分组，就是按照列的相同内容，将记录划分成组，对组可以应用组函数。

如果不使用分组，将对整个表或满足条件的记录应用组函数。

在组函数中可使用 DISTINCT 或 ALL 关键字。ALL 表示对所有非 NULL 值(可重复)进行运算(COUNT 除外)。DISTINCT 表示对每一个非 NULL 值，如果存在重复值，则组函数只运算一次。如果不指明上述关键字，默认为 ALL。

1. 统计查询

【训练 1】 求雇员总人数。

执行以下查询：

SELECT COUNT(*) FROM emp;

返回结果为：

   COUNT(*)

        14

说明：该实例中，因为没有 WHERE 条件，所以对 emp 表的全部记录应用组函数。使用组函数 COUNT 统计记录个数，即雇员人数，返回结果为 14，代表有 14 个记录。

注意：*代表返回所有行数，否则返回非 NULL 行数。

【训练 2】 求有佣金的雇员人数。

执行以下查询：

SELECT COUNT(comm) FROM emp;

返回结果为：

```
COUNT(COMM)
-----------
          4
```

说明：在本例中，没有返回全部雇员，只返回佣金非空的雇员，只有4个人。

【训练3】 求部门10的雇员的平均工资。

执行以下查询：

SELECT AVG(sal) FROM emp WHERE deptno=10;

返回结果为：

```
 AVG(SAL)
----------
2916.66667
```

说明：增加了WHERE条件，WHERE条件先执行，结果只对部门10的雇员使用组函数AVG求平均工资。

最大值和最小值函数可以应用于日期型数据，以下是训练实例。

【训练4】 求最晚和最早雇佣的雇员的雇佣日期。

执行以下查询：

SELECT MAX(hiredate),MIN(hiredate) FROM emp;

返回结果为：

```
MAX(HIREDA MIN(HIREDA
---------- ----------
23-5月-87  17-12月-80
```

说明：最晚雇员雇佣的时间为87年5月23日，最早雇员雇佣的时间为80年12月17日。

【训练5】 求雇员表中不同职务的个数。

执行以下查询：

SELECT COUNT(DISTINCT job) FROM emp;

返回结果为：

```
COUNT(DISTINCT JOB)
-------------------
                  5
```

说明：该查询返回雇员表中不同职务的个数。如果不加DISTINCT，则返回的是职务非空的雇员个数。

【练习1】求部门10中工资大于1500的雇员人数。

2．分组统计

通过下面的训练，我们来了解分组的用法。

【训练6】 按职务统计工资总和。

步骤1：执行以下查询：

SELECT SUM(sal) FROM emp GROUP BY job;

执行结果为：

```
  SUM(SAL)
----------
      6000
      4150
      8275
      5000
      5600
```

步骤2：执行以下查询：

SELECT job,SUM(sal) FROM emp GROUP BY job;

执行结果为：

```
JOB          SUM(SAL)
---------- ----------
ANALYST        6000
CLERK          4150
MANAGER        8275
PRESIDENT      5000
SALESMAN       5600
```

说明：步骤1按职务对雇员进行分组，有多少种职务就会返回多少行结果，相同职务的工资被汇总到一起，其中使用到了SUM函数对分组后的工资进行求和。以上查询结果没有显示分组后的职务。分组查询允许在查询列表中包含分组列，对以上实例，因为是按职务job分组的，所以在查询列中可以包含job字段，使统计结果很清楚，如步骤2所示。

职务为ANALYST的雇员的总工资为6000，职务为CLERK的雇员的总工资为4150，依此类推。

注意：在查询列中，不能使用分组列以外的其他列，否则会产生错误信息。

【练习2】 查看以下查询的显示结果，并解释原因。

SELECT ename,job,SUM(sal) FROM emp GROUP BY job;

3. 多列分组统计

可以按多列进行分组，以下是按两列进行分组的例子。

【训练7】 按部门和职务分组统计工资总和。

执行以下查询：

SELECT   deptno, job, sum(sal) FROM emp
GROUP BY deptno, job;

执行结果为：

```
DEPTNO JOB         SUM(SAL)
---------- --------- ---------
    10 CLERK           1300
    10 MANAGER         2450
    10 PRESIDENT       5000
    20 ANALYST         6000
    20 CLERK           1900
    20 MANAGER         2975
    30 CLERK            950
    30 MANAGER         2850
    30 SALESMAN        5600
```

说明：该查询统计每个部门中每种职务的总工资。

4．分组统计结果限定

对分组查询的结果进行过滤，要使用 HAVING 从句。HAVING 从句过滤分组后的结果，它只能出现在 GROUP BY 从句之后，而 WHERE 从句要出现在 GROUP BY 从句之前。

【训练 8】　统计各部门的最高工资，排除最高工资小于 3000 的部门。

执行以下查询：

SELECT　deptno, max(sal) FROM emp
GROUP BY deptno
HAVING　max(sal)>=3000;

执行结果为：

```
    DEPTNO    MAX(SAL)
---------- ----------
        10       5000
        20       3000
```

说明：结果中排除了部门 30，因部门 30 的总工资小于 3000。

注意：HAVING 从句的限定条件中要出现组函数。如果同时使用 WHERE 条件，则 WHERE 条件在分组之前执行，HAVING 条件在分组后执行。

【练习 3】统计人数小于 4 的部门的平均工资。

5．分组统计结果排序

可以使用 ORDER BY 从句对统计的结果进行排序，ORDER BY 从句要出现在语句的最后。

【训练 9】　按职务统计工资总和并排序。

执行以下查询：

SELECT job　职务, SUM(sal)　工资总和　FROM emp
GROUP BY job
ORDER BY SUM(sal);

执行结果为:

职务	工资总和
CLERK	4150
PRESIDENT	5000
SALESMAN	5600
ANALYST	6000
MANAGER	8275

注意：排序使用的是计算列 SUM(sal)，也可以使用别名，写成：

SELECT job 职务, SUM(sal) 工资总和 FROM emp

GROUP BY job

ORDER BY 工资总和；

【练习4】统计各部门的人数，按平均工资排序。

6. 组函数的嵌套使用

在如下训练中，使用了组函数的嵌套。

【训练10】 求各部门平均工资的最高值。

执行以下查询：

SELECT max(avg(sal)) FROM emp GROUP BY deptno;

执行结果为：

MAX(AVG(SAL))

   2916.66667

说明：该查询先统计各部门的平均工资，然后求得其中的最大值。

注意：虽然在查询中有分组列，但在查询字段中不能出现分组列。如下的查询是错误的：

SELECT deptno,max(avg(sal)) FROM emp GROUP BY deptno;

因为各部门平均工资的最高值不应该属于某个部门。

【练习5】求每种职务总工资的最低值。

2.5.3 子查询

我们可能会提出这样的问题，在雇员中谁的工资最高，或者谁的工资比 SCOTT 高。通过把一个查询的结果作为另一个查询的一部分，可以实现这样的查询功能。具体的讲：要查询工资高于 SCOTT 的雇员的名字和工资，必须通过两个步骤来完成，第一步查询雇员 SCOTT 的工资，第二步查询工资高于 SCOTT 的雇员。第一个查询可以作为第二个查询的一部分出现在第二个查询的条件中，这就是子查询。出现在其他查询中的查询称为子查询，包含其他查询的查询称为主查询。

子查询一般出现在 SELECT 语句的 WHERE 子句中，Oracle 也支持在 FROM 或 HAVING

子句中出现子查询。子查询比主查询先执行，结果作为主查询的条件，在书写上要用圆括号扩起来，并放在比较运算符的右侧。子查询可以嵌套使用，最里层的查询最先执行。子查询可以在 SELECT、INSERT、UPDATE、DELETE 等语句中使用。

子查询按照返回数据的类型可以分为单行子查询、多行子查询和多列子查询。

1. 单行子查询

【训练 1】 查询比 SCOTT 工资高的雇员名字和工资。

执行以下查询：

SELECT ename,sal FROM emp

WHERE sal>(SELECT sal FROM emp WHERE empno=7788);

执行结果为：

ENAME	SAL
KING	5000

说明：在该子查询中查询 SCOTT 的工资时使用的是他的雇员号，这是因为雇员号在表中是惟一的，而雇员的姓名有可能相重。SCOTT 的雇员号为 7788。

下面的训练实例包含两个子查询。

【训练 2】 查询和 SCOTT 同一部门且比他工资低的雇员名字和工资。

执行以下查询：

SELECT ename,sal FROM emp

WHERE sal<(SELECT sal FROM emp WHERE empno=7788)

AND deptno=(SELECT deptno FROM emp WHERE empno=7788);

执行结果为：

ENAME	SAL
SMITH	800
JONES	2975
ADAMS	1100

说明：两个子查询出现在两个条件中，用 AND 连接表示需要同时满足。

在子查询中也可以使用组函数。

【训练 3】 查询工资高于平均工资的雇员名字和工资。

执行以下查询：

SELECT ename,sal FROM emp

WHERE sal>(SELECT AVG(sal) FROM emp);

执行结果为：

ENAME	SAL

JONES	2975
BLAKE	2850
CLARK	2450
SCOTT	3000
KING	5000
FORD	3000

说明：在子查询中出现了组函数。由执行结果可知，在 14 个雇员中，大于平均工资的有 6 个。

【练习 1】查询工资最高的雇员名字和工资。

2．多行子查询

如果子查询返回多行的结果，则我们称它为多行子查询。多行子查询要使用不同的比较运算符号，它们是 IN、ANY 和 ALL。

【训练 4】 查询工资低于任何一个"CLERK"的工资的雇员信息。

执行以下查询：

SELECT   empno, ename, job,sal FROM emp
WHERE   sal < ANY (SELECT sal FROM emp WHERE job = 'CLERK')
AND job <> 'CLERK';

执行结果为：

EMPNO	ENAME	JOB	SAL
7521	WARD	SALESMAN	1250
7654	MARTIN	SALESMAN	1250

说明：在 emp 表的雇员中有 4 个职务为"CLERK"，他们的工资分别是 800、1100、950、1300。满足工资小于任何一个"CLERK"的工资的记录有 2 个，在这里使用了 ANY 运算符表示小于子查询中的任何一个工资。

注意：条件 job <> 'CLERK'排除了职务是 CLERK 的雇员本身。

【训练 5】 查询工资比所有的"SALESMAN"都高的雇员的编号、名字和工资。

执行以下查询：

SELECT   empno, ename,sal FROM emp
WHERE sal > ALL(SELECT sal FROM emp WHERE job= 'SALESMAN');

执行结果为：

EMPNO	ENAME	SAL
7566	JONES	2975
7698	BLAKE	2850
7782	CLARK	2450
7788	SCOTT	3000

7839 KING	5000
7902 FORD	3000

说明：在 emp 表的雇员中有 4 个职务为"SALESMAN"，他们的工资分别是 1600、1250、1250、1500。在这里使用了 ALL 运算符，表示大于查询中所有的工资。

【训练 6】 查询部门 20 中职务同部门 10 的雇员一样的雇员信息。

执行以下查询：

SELECT empno, ename, job FROM emp
WHERE   job IN (SELECT job FROM emp WHERE deptno=10)
AND deptno =20;

执行结果为：

EMPNO	ENAME	JOB
7369	SMITH	CLERK
7876	ADAMS	CLERK
7566	JONES	MANAGER

说明：在该训练中，使用 IN 运算符表示职务是子查询结果中的任何一个。部门 10 中有 3 种职务：MANAGER、PRESIDENT 和 CLERK，以上查询得到的是部门 20 中是这 3 种职务的雇员。

【训练 7】 查询职务和 SCOTT 相同，比 SCOTT 雇佣时间早的雇员信息。

执行以下查询：

SELECT empno, ename, job FROM emp
WHERE job =(SELECT job FROM emp WHERE empno=7788)
AND hiredate < (SELECT hiredate FROM emp WHERE empno=7788);

执行结果为：

EMPNO	ENAME	JOB
7902	FORD	ANALYST

说明：在查询中用到了时间的比较。

【练习 2】查询工资比 SCOTT 高或者雇佣时间比 SCOTT 早的雇员的编号和名字。

3．多列子查询

如果子查询返回多列，则对应的比较条件中也应该出现多列，这种查询称为多列子查询。以下是多列子查询的训练实例。

【训练 8】 查询职务和部门与 SCOTT 相同的雇员的信息。

执行以下查询：

SELECT empno, ename, sal FROM emp
WHERE (job,deptno) =(SELECT job,deptno FROM emp WHERE empno=7788);

执行结果为:

```
    EMPNO ENAME        JOB
---------- ---------- ---------
      7902 FORD       ANALYST
```

说明：在该例的子查询中返回两列，查询条件中也要出现两列，表示雇员的职务和部门应该和 SCOTT 的职务和部门相同。

4. 在 FROM 从句中使用子查询

在 FROM 从句中也可以使用子查询，在原理上这与在 WHERE 条件中使用子查询类似。有的时候我们可能要求从雇员表中按照雇员出现的位置来检索雇员，很容易想到的是使用 rownum 虚列。比如我们要求显示雇员表中 6～9 位置上的雇员，可以用以下方法。

【训练 9】 查询雇员表中排在第 6～9 位置上的雇员。

执行以下查询:

SELECT ename,sal FROM (SELECT rownum as num,ename,sal FROM emp WHERE rownum<=9) WHERE num>=6;

执行结果为:

```
ENAME            SAL
---------- ---------
BLAKE           2850
CLARK           2450
SCOTT           3000
KING            5000
```

说明：子查询出现在 FROM 从句中，检索出行号小于等于 9 的雇员，并生成 num 编号列。在主查询中检索行号大于等于 6 的雇员。

注意：以下用法不会有查询结果，请自行分析原因。

SELECT ename,sal FROM emp
WHERE rownum>=6 AND rownum<=9;

【练习 3】查询雇员表中的第 6 个雇员。

2.5.4 集合运算

多个查询语句的结果可以做集合运算，结果集的字段类型、数量和顺序应该一样。
Oracle 共有 4 个集合操作，如表 2-13 所示。

表 2-13 集合运算操作

操 作	描 述
UNION	并集，合并两个操作的结果，去掉重复的部分
UNION ALL	并集，合并两个操作的结果，保留重复的部分
MINUS	差集，从前面的操作结果中去掉与后面操作结果相同的部分
INTERSECT	交集，取两个操作结果中相同的部分

1. 使用集合的并运算

【训练 1】 查询部门 10 和部门 20 的所有职务。

执行以下查询：

SELECT job FROM emp WHERE deptno=10
UNION
SELECT job FROM emp WHERE deptno=20;

执行结果为：

```
JOB
---------
ANALYST
CLERK
MANAGER
PRESIDENT
```

说明：部门 10 的职务有 PRESIDENT、MANAGER、CLERK；部门 20 的职务有 MANAGER、CLERK、ANALYST。所以两个部门的所有职务(相同职务只算一个)共有 4 个：ANALYST、CLERK、MANAGER 和 PRESIDENT。可以将 UNION 改为 UNION ALL 查看一下结果。

2. 使用集合的交运算

【训练 2】 查询部门 10 和 20 中是否有相同的职务和工资。

执行以下查询：

SELECT job,sal FROM emp WHERE deptno=10
INTERSECT
SELECT job,sal FROM emp WHERE deptno=20;

执行结果为：

未选定行

说明：部门 10 的职务有 PRESIDENT、MANAGER、CLERK；部门 20 的职务有 MANAGER、CLERK、ANALYST。所以两个部门的相同职务为：CLERK 和 MANAGER。但是职务和工资都相同的雇员没有，所以没有结果。

3. 使用集合的差运算

【训练 3】 查询只在部门表中出现，但没有在雇员表中出现的部门编号。

执行以下查询：

SELECT deptno FROM dept
MINUS
SELECT deptno FROM emp ;

执行结果为：

```
 DEPTNO
```

```
----------------
       40
```

说明：部门表中的部门编号有 10、20、30 和 40。雇员表中的部门编号有 10、20 和 30。差集的结果为 40。

【练习 1】查询具有职务 CLERK 和 SALESMAN 的所有部门编号。

【练习 2】试求部门 10 和 20 中不相同的职务(即部门 10 中有、部门 20 中没有和部门 20 中有、部门 10 中没有的职务)。

2.6 阶段训练

本节根据本章内容，设计了两个针对 emp 和 dept 表的综合查询，以提高读者解决实际问题的能力。

【训练 1】 显示人数最多的部门名称。

输入并执行以下查询：

```
SELECT DECODE(dname,'SALES','销售部','ACCOUNTING','财务部','RESEARCH','研发部','未知')
  部门名
FROM emp,dept
WHERE emp.deptno=dept.deptno
GROUP BY dname
HAVING COUNT(*)=(SELECT MAX(COUNT(*)) FROM emp GROUP BY deptno);
```

执行结果：

```
部门名
---------
销售部
```

说明：本训练使用了分组统计、相等连接和子查询，使用了 DECODE 函数进行部门名称转换。

【训练 2】 显示各部门的平均工资、最高工资、最低工资和总工资列表，并按平均工资高低顺序排序。

输入并执行以下查询：

```
SELECT dname 部门,AVG(sal) 平均工资,MAX(sal) 最高工资,MIN(sal) 最低工资,SUM(sal) 总工资
  FROM emp,dept
WHERE emp.deptno=dept.deptno
GROUP BY dname
ORDER BY AVG(sal) DESC;
```

执行结果为

部门	平均工资	最高工资	最低工资	总工资
ACCOUNTING	2916.66667	5000	1300	8750
RESEARCH	2175	3000	800	10875
SALES	1566.66667	2850	950	9400

说明：本训练使用了分组统计、相等连接和排序，使用相等连接可以通过部门编号获取部门名称。

2.7 练 习

1. SQL 语言中用来创建、删除及修改数据库对象的部分被称为：
   A. 数据库控制语言(DCL)   B. 数据库定义语言(DDL)
   C. 数据库操纵语言(DML)   D. 数据库事务处理语言
2. 执行以下查询，表头的显示为：
   SELECT sal "Employee Salary" FROM emp
   A. EMPLOYEE SALARY   B. employee salary
   C. Employee Salary   D. "Employee Salary"
3. 执行如下两个查询，结果为：
   SELECT ename name,sal salary FROM emp order by salary;
   SELECT ename name,sal "SALARY" FROM emp order by sal ASC;
   A. 两个查询结果完全相同
   B. 两个查询结果不相同
   C. 第一个查询正确，第二个查询错误
   D. 第二个查询正确，第一个查询错误
4. 参考本章的 emp 表的内容执行下列查询语句，出现在第一行上的人是：
   SELECT ename FROM emp WHERE deptno=10 ORDER BY sal DESC;
   A. SMITH   B. KING
   C. MILLER   D. CLARK
5. 哪个函数与||运算有相同的功能：
   A. LTRIM   B. CONCAT
   C. SUBSTR   D. INSTR
6. 执行以下语句后，正确的结论是：
   SELECT empno,ename FROM emp WHERE hiredate<to_date('04-11 月-1980')-100
   A. 显示给定日期后 100 天以内雇佣的雇员信息
   B. 显示给定日期前 100 天以内雇佣的雇员信息
   C. 显示给定日期 100 天以后雇佣的雇员信息
   D. 显示给定日期 100 天以前雇佣的雇员信息

7. 执行以下语句出错的行是：
   SELECT deptno,max(sal) FROM emp
   WHERE job IN('CLERK','SALEMAN','ANALYST')
   GROUP BY deptno
   HAVING sal>1500;
   A. 第一行   B. 第二行
   C. 第三行   D. 第四行

8. 执行以下语句出错的行是：
   SELECT deptno,max(avg(sal))
   FROM emp
   WHERE sal>1000
   Group by deptno;
   A. 第一行   B. 第二行
   C. 第三行   D. 第四行

9. 执行以下语句出错的行是：
   SELECT deptno,dname,ename,sal
   FROM emp,dept
   WHERE emp.deptno=dept.deptno
   AND sal>1000;
   A. 第一行   B. 第二行
   C. 第三行   D. 第四行

10. 以下语句出错，哪种改动能够正确执行：
    SELECT   deptno, max(sal)
    FROM emp
    GROUP BY deptno
    WHERE   max(sal)>2500;
    A. 将 WHERE 和 GROUP BY 语句顺序调换一下
    B. 将 WHERE max(sal)>2500 语句改成 HAVING max(sal)>2500
    C. 将 WHERE max(sal)>2500 语句改成 WHERE sal>2500
    D. 将 WHERE max(sal)>2500 语句改成 HAVING sal>2500

11. 以下语句的作用是：
    SELECT ename,sal FROM emp
    WHERE sal<(SELECT min(sal) FROM emp)+1000;
    A. 显示工资低于 1000 元的雇员信息
    B. 将雇员工资小于 1000 元的工资增加 1000 后显示
    C. 显示超过最低工资 1000 元的雇员信息
    D. 显示不超过最低工资 1000 元的雇员信息

12. 以下语句的作用是：
    SELECT   job FROM emp WHERE deptno=10

MINUS

SELECT job FROM emp WHERE deptno=20;

A. 显示部门 10 的雇员职务和 20 的雇员职务
B. 显示部门 10 和部门 20 共同的雇员职务
C. 显示部门 10 和部门 20 不同的雇员职务
D. 显示在部门 10 中出现，在部门 20 中不出现的雇员职务

第 3 章　数　据　操　作

数据库操作语言(DML)可完成对数据的查询、插入、删除和修改等操作。和查询语句不同，插入、删除和修改语句涉及对数据的修改，故需要以数据库事务的方式进行。DML 通常指对数据进行插入、删除和修改这三种操作，本章主要介绍这三条语句以及与数据库事务有关的语句。

【本章要点】
◆ 数据库操作语句。
◆ 表的锁定。
◆ 数据库事务处理。

3.1　数据库操作语句

数据查询语句 SELECT 已经在前面介绍过，查询语句不修改表中的数据，只给出特定的查询结果集。操作语句因为对数据库中表的数据进行了修改，所以要以数据库事务的方式进行提交或撤销。

本章将要学习的操作命令总结如表 3-1 所示。

表 3-1　数据库操作语句

语　句	描　述
INSERT	插入新行
UPDATE	修改(更新)已经存在的行
DELETE	删除表中已经存在的行

3.1.1　插入数据

可以使用 INSERT 命令，向已经存在的表插入数据，语法格式如下：
　　INSERT INTO　表名　[(字段列表)] {VALUES(表达式1, 表达式2,...)|QUERY 语句};
下面我们将对 INSERT 语句进行详尽的讨论。

1．数据插入基本语法
最常见的插入操作可使用以下的语法(该形式一次只能插入一行数据)：
　　INSERT INTO　表名[(字段列表)] VALUES (表达式列表);
插入字段的值的类型要和字段的类型一一对应。字符串类型的字段值必须用单引号括起来，例如：'CLERK'。字符串类型的字段值超过定义的长度会出错，最好在插入前进行长度校验。

字段列表如果省略则代表全部字段。

以下是插入的一个练习，通过该练习可以掌握插入的基本用法。

【训练 1】 表的部分字段插入练习。

步骤 1：将新雇员插入到 emp 表：

INSERT INTO emp(empno,ename,job)
VALUES (1000,'小李','CLERK');

执行结果为：

已创建 1 行。

步骤 2：显示插入结果

SELECT * FROM emp WHERE empno=1000;

执行结果：

EMPNO	ENAME	JOB	MGR	HIREDATE	SAL	COMM	DEPTNO
1000	小李	CLERK					

说明：INSERT 语句的 emp 表名后的括号中为要插入的字段列表，VALUES 后的括号中为要插入的字段值列表。要插入的字段是雇员编号 empno、名称 ename 和职务 job。其他没有插入的字段，系统会填写为表的默认值。如果在表的创建时没有说明默认值，则将插入 NULL 值。在本训练中，其他没有插入的字段值均为空值 NULL。

日期类型的字段值也要用单引号括起来，如'10-1 月-03'。日期型的数据默认格式为 DD-MON-YY，默认的世纪为当前的世纪，默认的时间为午夜 12 点。如果指定的世纪不是本世纪或时间不是午夜 12 点，则必须使用 TO_DATE 系统函数对字符串进行转换。

【训练 2】 时间字段的插入练习。

步骤 1：将新雇员插入到 emp 表：

INSERT INTO emp(empno,ename,job,hiredate)
VALUES (1001,'小马','CLERK','10-1 月-03');

执行结果为：

已创建 1 行。

说明：在本训练中，插入的雇员雇佣时间为 2003 年 1 月 10 日。

注意：时间的默认格式为 DD-MON-YY。

如果要插入表的全部字段，则表名后的字段列表可以省略，如下面的训练。

【训练 3】 表的全部字段的插入练习。

执行以下的查询：

INSERT INTO dept VALUES (50,'培训部','深圳');

执行结果：

已创建 1 行。

说明：此种方式省略了字段名列表，要注意插入数据的顺序必须与表的字段默认顺序保持一致。如果不知道表的字段默认顺序，可以用 DESCRIBE 命令查看。

【训练4】 插入空值练习。

执行以下的查询：

INSERT INTO emp(empno,ename,job,sal) VALUES(1005,'杨华', 'CLERK',null);

执行结果：

已创建 1 行。

说明：以上训练虽然指定了插入字段 sal，但在插入的数值位置指定了 NULL 值，所以 sal 的插入值还是 NULL。

【练习1】向雇员表插入全部字段的一条记录。

2. 复制数据

另一种插入数据(相当于复制)方法的语法格式是：

INSERT INTO 表名(字段列表) SELECT(字段名 1, 字段名 2, …) FROM 另外的表名;

该形式一次可以插入多行数据。

【训练5】 通过其他表插入数据的练习。

步骤1：创建一个新表 manager：

CREATE TABLE manager AS SELECT empno,ename,sal FROM emp WHERE job='MANAGER';

执行结果：

表已创建。

步骤2：从 emp 表拷贝数据到 manager：

INSERT INTO manager
SELECT   empno, ename, sal
FROM   emp
WHERE   job = 'CLERK';

执行结果：

已创建 1 行。

步骤3：查询结果：

SELECT   * FROM MANAGER;

结果为：

EMPNO	ENAME	SAL
7566	JONES	2975
7698	BLAKE	2850
7782	CLARK	2450
1000	小李	

说明：CREATE 命令用来根据已经存在的表创建新表。步骤1根据 emp 表创建一个新表 manager，该表只有3个字段 empno,ename 和 sal，创建的同时将 emp 表中职务为 manager

的雇员复制到其中。步骤 2 从 emp 表中把职务为 clerk 的雇员插入到 manager 表中。

3．使用序列

使用 INSERT 语句时，可以通过序列来填写某些数值型或字符型的列。序列是一个要预先定义的有序的数值序列，应该先建立一个序列，然后在插入语句中使用，序列将在以后章节中介绍。

【训练 6】 插入数据中使用序列的练习。

步骤 1：创建从 2000 起始，增量为 1 的序列 abc：

CREATE SEQUENCE abc INCREMENT BY 1 START WITH 2000 MAXVALUE 99999 CYCLE NOCACHE;

执行结果：

序列已创建。

步骤 2：在 INSERT 语句使用序列，序列的名称为 abc：

INSERT INTO manager VALUES(abc.nextval,'小王',2500);

执行结果：

已创建 1 行。

INSERT INTO manager VALUES(abc.nextval,'小赵',2800);

执行结果：

已创建 1 行。

步骤 3：使用 SELECT 语句观察结果：

SELECT empno,ename,sal FROM emp;

执行结果：

EMPNO	ENAME	SAL
7566	JONES	2975
7698	BLAKE	2850
7782	CLARK	2450
2000	小王	2500
2001	小赵	2800

说明： 步骤 1 创建序列，步骤 2 在插入时使用序列来填充雇员编号，使用 abc.nextval 可获得序列中的下一个值。

后边两个记录的雇员编号来自序列，并且是递增的。

3.1.2 修改数据

修改数据的语句 UPDATE 对表中指定字段的数据进行修改，一般需要通过添加 WHERE 条件来限定要进行修改的行，如果不添加 WHERE 条件，将对所有的行进行修改。

(1) 修改数据的语句 UPDATE 的基本语法如下：

UPDATE 表名 SET 字段名 1=表达式 1, 字段名 2=表达式 2, ... WHERE 条件;

【训练1】 修改小李(编号为1000)的工资为3000。
执行以下的查询：
UPDATE   emp
SET   sal = 3000
WHERE   empno = 1000;
执行结果：
已更新 1 行。

说明：该操作将编号为1000的雇员的工资改为3000。

【训练2】 将小李(编号为1000)的雇佣日期改成当前系统日期，部门编号改为50。
执行以下的查询：
UPDATE   emp
SET hiredate=sysdate, deptno=50
WHERE   empno = 1000;
执行结果：
已更新 1 行。

说明：该操作同时修改编号为1000的雇员的雇佣日期和部门编号两个字段的值。
如果修改的值没有赋值或定义，将把原来字段的内容清为NULL。若修改值的长度超过定义的长度，则会出错。
注意：本例中不能省略WHERE条件，否则将会修改表的所有行。
【练习1】将SCOTT的职务改为MANAGER，工资改为4000。

【训练3】 为所有雇员增加100元工资。
执行以下的查询：
UPDATE   emp
SET   sal =sal+100;
执行结果：
已更新 18 行。

说明：若没有WHERE条件，将修改表的所有行。sal=sal+100 的含义是：对于每条记录，取出原来sal字段的工资，加100后再赋给sal字段。
【练习2】将emp表的部门10的雇员工资增加10%。
(2) UPDATE语句的另外一种用法：
UPDATE 表名 SET(字段名1, 字段名2, …)=SELECT (字段名1, 字段名2, …) FROM 另外的表名 WHERE 条件；

【训练4】 根据其他表修改数据。
执行以下的查询：
UPDATE   manager
SET (ename, sal) =(SELECT ename,sal FROM emp WHERE   empno = 7788)

WHERE   empno = 1000;

执行结果：

已更新 1 行。

说明：该操作将 manager 表中编号为 1000 的记录的雇员名字和工资修改成为 emp 表的编号为 7788 的雇员的名字和工资。

3.1.3 删除数据

删除数据的基本语法如下：

DELETE FROM 表名 WHERE 条件；

要从表中删除满足条件的记录，WHERE 条件一般不能省略，如果省略就会删除表的全部数据。

【训练 1】 删除雇员编号为 1000 的新插入的雇员。

步骤 1：删除编号为 1000 的雇员：

DELETE FROM emp WHERE empno=1000;

结果为：

已删除 1 行。

步骤 2：显示删除结果：

SELECT * FROM emp WHERE empno=1000;

结果为：

未选定行。

说明：本例删除雇员编号为 1000 的雇员，它在 WHERE 中指定删除的记录。删除记录并不能释放 Oracle 中被占用的数据块表空间，它只是把那些被删除的数据块标成 unused。

如果确实要删除一个大表里的全部记录，可以用 TRUNCATE 命令，它可以释放占用的数据块表空间，语法为：

TRUNCATE TABLE 表名；

【训练 2】 彻底删除 manager 表的内容。

执行以下的命令：

TRUNCATE TABLE manager;

执行结果：

表已截掉。

说明：此命令和不带 WHERE 条件的 DELETE 语句功能类似，不同的是，DELETE 命令进行的删除可以撤销，但此命令进行的删除不可撤销。

注意：TRUNCATE TABLE 命令用来删除表的全部数据而不是删除表，表依旧存在。

3.2 数据库事务

在前面的数据修改操作中，虽然已经发出了修改命令，并显示了执行信息，但这并不意味着已经成功地完成了修改，还必须通过提交操作，才能最终将数据写入数据库。提交操作是数据库事务操作的一部分。数据库事务(Transaction)是数据库的一个重要概念，也是关系数据库的一种安全机制，它能够确保数据操作的完整性。

3.2.1 数据库事务的概念

事务是由相关操作构成的一个完整的操作单元。两次连续成功的 COMMIT 或 ROLLBACK 之间的操作，称为一个事务。在一个事务内，数据的修改一起提交或撤销，如果发生故障或系统错误，整个事务也会自动撤销。

比如，我们去银行转账，操作可以分为下面两个环节：
(1) 从第一个账户划出款项。
(2) 将款项存入第二个账户。

在这个过程中，两个环节是关联的。第一个账户划出款项必须保证正确的存入第二个账户，如果第二个环节没有完成，整个的过程都应该取消，否则就会发生丢失款项的问题。整个交易过程，可以看作是一个事物，成功则全部成功，失败则需要全部撤消，这样可以避免当操作的中间环节出现问题时，产生数据不一致的问题。

数据库事务是一个逻辑上的划分，有的时候并不是很明显，它可以是一个操作步骤，也可以是多个操作步骤。我们可以这样理解数据库事物：对数据库所做的一系列修改，在修改过程中，暂时不写入数据库，而是缓存起来，用户在自己的终端可以预览变化，直到全部修改完成，并经过检查确认无误后，一次性提交并写入数据库，在提交之前，必要的话所做的修改都可以取消。提交之后，就不能撤销，提交成功后其他用户才可以通过查询浏览数据的变化。

以事务的方式对数据库进行访问，有如下的优点：
- 把逻辑相关的操作分成了一个组。
- 在数据永久改变前，可以预览数据变化。
- 能够保证数据的读一致性。

3.2.2 数据库事务的应用

数据库事务处理可分为隐式和显式两种。显式事务操作通过命令实现，隐式事务由系统自动完成提交或撤销(回退)工作，无需用户的干预。

隐式提交的情况包括：当用户正常退出 SQL*Plus 或执行 CREATE、DROP、GRANT、REVOKE 等命令时会发生事务的自动提交。

还有一种情况，如果把系统的环境变量 AUTOCOMMIT 设置为 ON(默认状态为 OFF)，则每当执行一条 INSERT、DELETE 或 UPDATE 命令对数据进行修改后，就会马上自动提交。设置命令格式如下：

SET AUTOCOMMIT ON/OFF

隐式回退的情况包括：当异常结束 SQL*Plus 或系统故障发生时，会发生事务的自动回退。

显式事务处理的数据库事务操作语句有 3 条，如表 3-2 所示。

表 3-2 事务控制语句

语 句	描 述
COMMIT	数据库事务提交，将变化写入数据库
ROLLBACK	数据库事务回退，撤销对数据的修改
SAVEPOINT	创建保存点，用于事务的阶段回退

COMMIT 操作把多个步骤对数据库的修改，一次性地永久写入数据库，代表数据库事务的成功执行。ROLLBACK 操作在发生问题时，把对数据库已经作出的修改撤消，回退到修改前的状态。在操作过程中，一旦发生问题，如果还没有提交操作，则随时可以使用 ROLLBACK 来撤消前面的操作。SAVEPOINT 则用于在事务中间建立一些保存点，ROLLBACK 可以使操作回退到这些点上边，而不必撤销全部的操作。一旦 COMMIT 完成，就不能用 ROLLBACK 来取消已经提交的操作。一旦 ROLLBACK 完成，被撤消的操作要重做，必须重新执行相关操作语句。

如何开始一个新的事务呢？一般情况下，开始一个会话(即连接数据库)，执行第一条 SQL 语句将开始一个新的事务，或执行 COMMIT 提交或 ROLLBACK 撤销事务，也标志新的事务的开始。另外，执行 DDL(如 CREATE)或 DCL 命令也将自动提交前一个事务而开始一个新的事务。

数据在修改的时候会对记录进行锁定，其他会话不能对锁定的记录进行修改或加锁，只有当前会话提交或撤销后，记录的锁定才会释放。详细内容见下一节。

我们通过以下的训练来为雇员 SCOTT 增加工资，SCOTT 的雇员号为 7788。

【训练 1】 学习使用 COMMIT 和 ROLLBACK。

步骤 1：执行以下命令，提交尚未提交的操作：

COMMIT;

执行结果：

提交完成。

显示 SCOTT 的现有工资：

SELECT ename,sal FROM emp WHERE empno=7788;

执行结果：

```
ENAME           SAL
----------  ----------------------
SCOTT          3000
```

步骤 2：修改雇员 SCOTT 的工资：

UPDATE emp SET sal=sal+100 WHERE empno=7788;

执行结果：

已更新 1 行。

显示修改后的 SCOTT 的工资：

SELECT ename,sal FROM emp WHERE empno=7788;

执行结果：

ENAME	SAL
SCOTT	3100

步骤 3：假定修改操作后发现增加的工资应该为 1000 而不是 100，为了取消刚做的操作，可以执行以下命令：

ROLLBACK;

执行结果：

回退已完成。

显示回退后 SCOTT 的工资恢复为 3000：

SELECT ename,sal FROM emp WHERE empno=7788;

执行结果：

ENAME	SAL
SCOTT	3000

步骤 4：重新修改雇员 SCOTT 的工资，工资在原有基础上增加 1000：

UPDATE emp SET sal=sal+1000 WHERE empno=7788;

执行结果：

已更新 1 行。

显示修改后 SCOTT 的工资：

SELECT ename,sal FROM emp WHERE empno=7788;

执行结果：

ENAME	SAL
SCOTT	4000

步骤 5：经查看修改结果正确，提交所做的修改：

COMMIT;

执行结果：

提交完成。

说明：在执行 COMMIT 后，工资的修改被永久写入数据库。本训练的第 1 步，先使用 COMMIT 命令提交原来的操作，同时标志一个新的事务的开始。

注意：在事务执行过程中，随时可以预览数据的变化。

对于比较大的事务，可以使用 SAVEPOINT 命令在事务中间划分一些断点，用来作为回退点。

第3章 数据操作

【训练2】 学习使用 SAVEPOINT 命令。

步骤1：插入一个雇员：

INSERT INTO emp(empno, ename, job)
VALUES (3000, '小马','STUDENT');

执行结果：

已创建 1 行。

步骤2：插入保存点，检查点的名称为 PA：

SAVEPOINT pa;

执行结果：

保存点已创建。

步骤3：插入另一个雇员：

INSERT INTO emp(empno, ename, job)
VALUES (3001, '小黄','STUDENT');

执行结果：

已创建 1 行。

步骤4：回退到保存点 PA，则后插入的小黄被取消，而小马仍然保留。

ROLLBACK TO pa;

执行结果：

回退已完成。

步骤5：提交所做的修改：

COMMIT;

执行结果：

提交完成。

说明：第4步的回退，将回退到保存点 PA，即第3步被撤销。所以最后的 COMMIT 只提交了对小马的插入。请自行检查插入的雇员。

【练习1】对 emp 表进行修改，然后退出 SQL*Plus，重新启动 SQL*Plus，检查所做的修改是否生效。

在 Oracle 数据库中，有一个叫回滚段的特殊的存储区域。在提交一个事物之前，如果用户进行了数据的修改，在所谓的回滚段中将保存变化前的数据。有了回滚段才能在必要时使用 ROLLBACK 命令或自动地进行数据撤销。在提交事物之前，用户自己可以看到修改的数据，但因为修改还没有最终提交，其他用户看到的应该是原来的数据，也就是回滚段中的数据，这时用户自己看到的数据和其他用户看到的数据是不同的，只有提交发生后，变化的数据才会被写入数据库，此时用户自己看到的数据和其他用户看到的数据才是一致的，这叫做数据的读一致性。

【训练3】 观察数据的读一致性。

步骤1：显示刚插入的雇员小马：

SELECT empno,ename FROM emp WHERE empno=3000;

执行结果：

```
    EMPNO ENAME
---------- ----------
      3000 小马
```

步骤 2：删除雇员小马：

DELETE FROM emp WHERE empno=3000;

执行结果：

已删除 1 行。

步骤 3：再次显示该雇员，显示结果为该雇员不存在：

SELECT empno,ename FROM emp WHERE empno=3000;

执行结果：

未选定行

步骤 4：另外启动第 2 个 SQL*Plus，并以 SCOTT 身份连接。执行以下命令，结果为该记录依旧存在：

SELECT empno,ename FROM emp WHERE empno=3000;

执行结果：

```
    EMPNO ENAME
---------- ----------
      3000 小马
```

步骤 5：在第 1 个 SQL*Plus 中提交删除：

COMMIT;

执行结果：

提交完成。

步骤 6：在第 2 个 SQL*Plus 中再次显示该雇员，显示结果与步骤 3 的结果一致：

SELECT empno,ename FROM emp WHERE empno=3000;

执行结果：

未选定行

说明：在以上训练中，当第 1 个 SQL*Plus 会话删除小马后，第 2 个 SQL*Plus 会话仍然可以看到该雇员，直到第 1 个 SQL*Plus 会话提交该删除操作后，两个会话看到的才是一致的数据。

3.3 表的锁定

在大型数据库系统中，数据共享是数据库的基本特性。在进行数据修改操作时，很可能出现一种现象，就是当我们发出修改命令时，没有任何反应。其原因可能是另外的一个会话正在进行数据修改，又没有提交修改操作，数据处于被锁定的状态。

3.3.1 锁的概念

锁出现在数据共享的场合，用来保证数据的一致性。当多个会话同时修改一个表时，需要对数据进行相应的锁定。

锁有"只读锁"、"排它锁"、"共享排它锁"等多种类型，而且每种类型又有"行级锁"(一次锁住一条记录)、"页级锁"(一次锁住一页，即数据库中存储记录的最小可分配单元)、"表级锁"(锁住整个表)。

若为"行级排它锁"，则除被锁住的行外，该表中其他行均可被其他的用户进行修改(Update)或删除(delete)。若为"表级排它锁"，则所有其他用户只能对该表进行查询(select)操作，而无法对其中的任何记录进行修改或删除。当程序对所做的修改进行提交(commit)或回滚(rollback)后，锁住的资源便会得到释放，从而允许其他用户进行操作。

有时，由于程序的原因，锁住资源后长时间未对其工作进行提交；或是由于用户的原因，调出需要修改的数据后，未及时修改并提交，而是放置于一旁；或是由于客户服务器方式中客户端出现"死机"，而服务器端却并未检测到，从而造成锁定的资源未被及时释放，影响到其他用户的操作。

如果两个事务，分别锁定一部分数据，而都在等待对方释放锁才能完成事务操作，这种情况下就会发生死锁。

3.3.2 隐式锁和显式锁

在 Oracle 数据库中，修改数据操作时需要一个隐式的独占锁，以锁定修改的行，直到修改被提交或撤销为止。如果一个会话锁定了数据，那么第二个会话要想对数据进行修改，只能等到第一个会话对修改使用 COMMIT 命令进行提交或使用 ROLLBACK 命令进行回滚撤销后，才开始执行。因此应养成一个良好的习惯：执行修改操作后，要尽早地提交或撤销，以免影响其他会话对数据的修改。

【训练 1】 对 emp 表的 SCOTT 雇员记录进行修改，测试隐式锁。

步骤 1：启动第一个 SQL*Plus，以 SCOTT 账户登录数据库(第一个会话)，修改 SCOTT 记录，隐式加锁。

UPDATE emp SET sal=3500 where empno=7788;

执行结果：

已更新 1 行。

步骤 2：启动第二个 SQL*Plus，以 SCOTT 账户登录数据库(第二个会话)，进行记录修改操作。

UPDATE emp SET sal=4000 where empno=7788;

执行结果，没有任何输出(处于等待解锁状态)。

步骤 3：对第一个会话进行解锁操作：

COMMIT;

步骤 4：查看第二个会话，此时有输出结果：

已更新 1 行。

步骤 5：提交第二个会话，防止长时间锁定。

说明：两个会话对同一表的同一条记录进行修改。步骤1修改 SCOTT 工资为 3500，没有提交或回滚之前，SCOTT 记录处于加锁状态。步骤 2 的第二个会话对 SCOTT 进行修改处于等待状态。步骤 3 解锁之后(即第一个会话对 SCOTT 的修改已经完成)，第二个会话挂起的修改此时可以执行。最后结果为第二个会话的修改结果，即 SCOTT 的工资修改为 4000。读者可以使用查询语句检查。

以上是隐式加锁，用户也可以使用如下两种方式主动锁定行或表，防止其他会话对数据的修改。表 3-3 是对行或表进行锁定的语句。

表 3-3 表的显式锁定操作语句

语 句	描 述
SELECT FOR UPDATE	锁定表行，防止其他会话对行的修改
LOCK TABLE	锁定表，防止其他会话对表的修改

3.3.3 锁定行

该方法用于锁定特定的行，防止其他会话的修改或删除。当行被锁定时，其他会话可以查询这些行，但不能修改或进行锁定。锁定行的语法是在一个 SELECT 语句后面加上 FOR UPDATE 关键字。SELECT 语句选定的行将被加锁，只有在使用 COMMIT 或 ROLLBACK 命令结束一个事务时才得到释放。

【训练 1】 对 emp 表的部门 10 的雇员记录加显式锁，并测试。

步骤 1：对部门 10 加显式锁：

SELECT empno,ename,job,sal FROM emp WHERE deptno=10 FOR UPDATE;

结果为：

```
     EMPNO ENAME      JOB               SAL
---------- ---------- ---------- ----------
      7782 CLARK      MANAGER          2450
      7839 KING       PRESIDENT        5000
      7934 MILLER     CLERK            1300
```

步骤 2：启动第二个 SQL*Plus(第二个会话)，以 SCOTT 账户登录数据库，对部门 10 的雇员 CLARK 进行修改操作。

UPDATE emp SET sal=sal+100 where empno=7782;

执行结果：

没有任何输出(处于等待解锁状态)。

步骤 3：在第一个会话进行解锁操作：

COMMIT;

步骤 4：查看第二个会话，有输出结果：

已更新 1 行。

说明：步骤 1 对选定的部门 10 的雇员加锁，之后其他会话不能对部门 10 的雇员数据进行修改或删除。如果此时要进行修改或删除，则会处于等待状态。使用 COMMIT 语句进行解锁之后，如果有挂起的修改或删除操作，则等待的操作此时可以执行。

3.3.4 锁定表

LOCK 语句用于对整张表进行锁定。语法如下：
　　LOCK TABLE 表名 IN {SHARE|EXCLUSIVE} MODE
对表的锁定可以是共享(SHARE)或独占(EXCLUSIVE)模式。共享模式下，其他会话可以加共享锁，但不能加独占锁。在独占模式下，其他会话不能加共享或独占锁。

【训练 1】　对 emp 表添加独占锁。
步骤 1：对 emp 表加独占锁：
LOCK TABLE emp IN EXCLUSIVE MODE;
结果为：
表已锁定。
步骤 2：对表进行解锁操作：
COMMIT;

说明：当使用 LOCK 语句显式锁定一张表时，死锁的概率就会增加。同样地，使用 COMMIT 或 ROLLBACK 命令可以释放锁。
注意：必须没有其他会话对该表的任何记录加锁，此操作才能成功。
【练习 1】通过两个会话以共享方式锁定 dept 表，然后分别释放。

3.4 阶段训练

【训练 1】　以数据库事务方式将 SCOTT 从 emp 表转入 manager 表，再将 SCOTT 的工资改成和 emp 表的 KING 的工资一样。
步骤 1：复制 emp 表的 SCOTT 到 manager 表：
INSERT INTO manager SELECT empno,ename,sal FROM emp WHERE empno=7788;
执行结果：
已创建 1 行。
步骤 2：删除 emp 表的 SCOTT：
DELETE FROM emp WHERE empno=7788;
执行结果：
已删除 1 行。
步骤 3：修改 SCOTT 的工资：
UPDATE manager SET sal=(SELECT sal FROM emp WHERE empno=7839) WHERE empno=7788;
执行结果：
已更新 1 行。
步骤 4：提交：
COMMIT;
执行结果：

提交完成。
步骤 5：查询：
SELECT * FROM manager WHERE empno=7788;

```
    EMPNO ENAME                    SAL
---------- ---------------- ----------
      7788 SCOTT                  5100
```

执行结果：
已选择 1 行。
SELECT * FROM emp WHERE empno=7788;
执行结果：
未选定行

说明：该训练中，SCOTT 的雇员编号为 7788，KING 的雇员编号为 7839。步骤 1 先将 SCOTT 复制到 manager 表；步骤 2 删除原来的 SCOTT 记录；步骤 3 修改 SCOTT 的工资为 KING 的工资；步骤 4 进行一次性提交；通过步骤 5 的查询可以看到 SCOTT 已经移动到了 manager 表，其工资修改为 5100。

3.5 练 习

1. 参照本章的 emp 表，以下正确的插入语句是：
   A. INSERT INTO emp VALUES (1000, '小李', 1500);
   B. INSERT INTO emp(ename,empno,sal) VALUES (1000, '小李', 1500);
   C. INSERT INTO emp(empno,ename,job) VALUES ('小李',1000,1500);
   D. INSERT INTO emp(ename,empno,sal) VALUES ('小李',1000,1500);
2. 删除 emp 表的全部数据，但不提交，以下正确的语句是：
   A. DELETE * FROM   EMP
   B. DELETE FROM   EMP
   C. TRUNCATE TABLE   EMP
   D. DELETE TABLE   EMP
3. 以下不需要进行提交或回退的操作是：
   A. 显式的锁定一张表
   B. 使用 UPDATE 修改表的记录
   C. 使用 DELETE 删除表的记录
   D. 使用 SELECT 查询表的记录
4. 当一个用户修改了表的数据，那么
   A. 第二个用户立即能够看到数据的变化
   B. 第二个用户必须执行 ROLLBACK 命令后才能看到数据的变化
   C. 第二个用户必须执行 COMMIT 命令后才能看到数据的变化

D. 第二个用户因为会话不同，暂时不能看到数据的变化
5. 对于 ROLLBACK 命令，以下准确的说法是：
   A. 撤销刚刚进行的数据修改操作
   B. 撤销本次登录以来所有的数据修改
   C. 撤销到上次执行提交或回退操作的点
   D. 撤销上一个 COMMIT 命令

第 4 章　表 和 视 图

表(TABLE)是数据库的最基本和最重要的模式对象。数据库通过表来存储数据信息，其他数据库对象的创建和应用都是围绕表进行的。视图(VIEW)也是一种很常见的模式对象，是基于一张表或多张表或另外的视图的逻辑表，它和表既有相同之处也有区别，故在本章一起讨论。

【本章要点】
◆ 表的创建和修改。
◆ 数据完整性和约束条件。
◆ 视图的创建和操作。

4.1　表的创建和操作

表由记录(行 row)和字段(列 column)构成，是数据库中存储数据的结构。要进行数据的存储和管理，首先要在数据库中创建表，即表的字段(列)结构。有了正确的结构，就可以用数据操作命令，插入、删除表中记录或对记录进行修改。比如，要进行图书管理，就需要创建图书和出版社等表，这里给出用于示范和训练的图书和出版社表的结构和内容，如表 4-1、表 4-2 所示。

表 4-1　图 书 表

图书编号	图书名称	出版社编号	作者	出版日期	数量	单价
A0001	计算机原理	01	刘勇	1998 年 5 月 7 日	8	25.30
A0002	C 语言程序设计	02	马丽	2003 年 1 月 2 日	10	18.75
A0003	汇编语言程序设计	02	黄海明	2001 年 11 月 5 日	15	20.18

表 4-2　出 版 社 表

编　号	出版社名称	地　址	联系电话
01	清华大学出版社	北京	010-83456272
02	西安电子科技大学出版社	西安	029-88201467

图书表共有 7 列 3 行，出版社表有 4 列 2 行，它们包含了图书和出版社的一些基本信息。要生成如上的两张表，首先要使用表的创建语句来创建表。

4.1.1 表的创建

1. 创建表的语法

表的创建需要 CREATE TABLE 系统权限,表的基本创建语法如下:

  CREATE TABLE 表名
  (列名 数据类型(宽度)[DEFAULT 表达式][COLUMN CONSTRAINT],
  ...
  [TABLE CONSTRAINT]
  [TABLE_PARTITION_CLAUSE]
  );

由此可见,创建表最主要的是要说明表名、列名、列的数据类型和宽度,多列之间用","分隔。可以是用中文或英文作为表名和列名。表名最大长度为 30 个字符。在同一个用户下,表不能重名,但不同用户表的名称可以相重。另外,表的名称不能使用 Oracle 的保留字。在一张表中最多可以包含 2000 列。该语法中的其他部分根据需要添加,作用如下:

  DEFAULT 表达式:用来定义列的默认值。
  COLUMN CONSTRAINT:用来定义列级的约束条件。
  TABLE CONSTRAINT:用来定义表级的约束条件。
  TABLE_PARTITION_CLAUSE:定义表的分区子句。

【训练 1】 创建图书和出版社表。

步骤 1:创建出版社表,输入并执行以下命令:

```
CREATE TABLE 出版社(
编号 VARCHAR2(2),
出版社名称 VARCHAR2(30),
地址 VARCHAR2(30),
联系电话 VARCHAR2(20)
);
```

执行结果:

表已创建。

步骤 2:创建图书表,输入并执行以下命令:

```
CREATE TABLE 图书(
图书编号 VARCHAR2(5),
图书名称 VARCHAR2(30),
出版社编号 VARCHAR2(2),
作者 VARCHAR2(10),
出版日期 DATE,
数量 NUMBER(3),
单价 NUMBER(7,2)
);
```

执行结果:

表已创建。

步骤3：使用 DESCRIBE 显示图书表的结构，输入并执行以下命令:

DESCRIBE 图书

执行结果为:

名称	是否为空?	类型
图书编号		VARCHAR2(5)
图书名称		VARCHAR2(30)
出版社编号		VARCHAR2(2)
作者		VARCHAR2(10)
出版日期		DATE
数量		NUMBER(3)
单价		NUMBER(7,2)

说明：在以上训练中，列名和数据类型之间用空格分隔，数据类型后的括号中为宽度(日期类型除外)。对于有小数的数字型，前一个参数为总宽度，后一个参数为小数位。用逗号分隔各列定义，但最后一列定义后不要加逗号。

2. **通过子查询创建表**

如果要创建一个同已有的表结构相同或部分相同的表，可以采用以下的语法:

　　　CREATE TABLE 表名(列名…) AS SQL 查询语句;

该语法既可以复制表的结构，也可以复制表的内容，并可以为新表命名新的列名。新的列名在表名后的括号中给出，如果省略将采用原来表的列名。复制的内容由查询语句的 WHERE 条件决定。

【训练2】 通过子查询创建新的图书表。

步骤1：完全复制图书表到"图书1"，输入并执行以下命令：

CREATE TABLE 图书1 AS SELECT * FROM 图书;

执行结果：

表已创建。

步骤2：创建新的图书表"图书2"，只包含书名和单价，输入并执行以下命令：

CREATE TABLE 图书2(书名,单价) AS SELECT 图书名称,单价 FROM 图书;

执行结果：

表已创建。

步骤3：创建新的图书表"图书3"，只包含书名和单价，不复制内容，输入并执行以下命令：

CREATE TABLE 图书3(书名,单价) AS SELECT 图书名称,单价 FROM 图书 WHERE 1=2;

执行结果：

表已创建。

说明："图书1"表的内容和结构同"图书"表完全一致，相当于表的复制。

"图书2"表只包含"图书"表的两列———"图书名称"和"单价",并且对字段重新进行了命名,"图书2"表的"书名"对应"图书"表的"图书名称","图书2"表的"单价"对应"图书"表的"单价"。

"图书3"表同"图书2"表的结构一样,但表的内容为空。因为WHERE条件始终为假,没有满足条件的记录,所以没有复制表的内容。

3. 设置列的默认值

可以在创建表的同时指定列的默认值,这样在插入数据时,如果不插入相应的列,则该列取默认值,默认值由DEFAULT部分说明。

【训练3】 创建表时设置默认值。

步骤1:创建表时,设置表的默认值。

```
CREATE TABLE 图书 4(
图书编号  VARCHAR2(5) DEFAULT NULL,
图书名称  VARCHAR2(30) DEFAULT '未知',
出版社编号  VARCHAR2(2) DEFAULT NULL,
出版日期  DATE DEFAULT '01-1月-1900',
作者  VARCHAR2(10) DEFAULT NULL,
数量  NUMBER(3) DEFAULT 0,
单价  NUMBER(7,2) DEFAULT NULL,
借出数量  NUMBER(3) DEFAULT 0
);
```

执行结果:

表已创建。

步骤2:插入数据。

`INSERT INTO 图书 4(图书编号) VALUES('A0001');`

执行结果:

已创建 1 行。

步骤2:查询插入结果。

`SELECT * FROM 图书 4;`

执行结果:

图书	图书名称	出版日期	作者	数量	单价	借出数量
A0001	未知	01-1月-00		0		0

说明:本训练中,只插入图书编号,其他部分取的是默认值。图书名称默认为"未知",出版日期默认为1900年1月1日,数量默认为0,出版社编号、作者和单价的默认值为NULL。

【练习1】创建图书出借信息表,设置适当的默认值,并插入数据。

结构如下:

名称	是否为空?	类型

图书编号	VARCHAR2(10)
借书人	VARCHAR2(10)
借书日期	DATE
归还日期	DATE

4．删除已创建的表

删除表的语法如下：

  DROP TABLE 表名[CASCADE CONSTRAINTS];

表的删除者必须是表的创建者或具有 DROP ANY TABLE 权限。CASCADE CONSTRAINTS 表示当要删除的表被其他表参照时，删除参照此表的约束条件。有关内容请参考下一节。

【训练4】 删除"图书1"表。

DROP TABLE 图书 1;

执行结果：

表已丢弃。

【练习2】删除"图书2"、"图书3"和"图书4"表。

4.1.2 表的操作

1．表的重命名

语法如下：

  RENAME 旧表名 TO 新表名;

只有表的拥有者，才能修改表名。

【训练1】 修改"图书"表为"图书5"表：

RENAME 图书 TO 图书 5;

执行结果：

表已重命名。

2．清空表

清空表的语法为：

  TRUNCATE TABLE 表名;

清空表可删除表的全部数据并释放占用的存储空间。有关训练请参照 DELETE 语句部分，注意两者的区别。

3．添加注释

(1) 为表添加注释的语法为：

  COMMENT ON TABLE 表名 IS '...';

该语法为表添加注释字符串。如 IS 后的字符串为空，则清除表注释。

【训练2】 为 emp 表添加注释："公司雇员列表"。

COMMENT ON TABLE emp IS '公司雇员列表';

执行结果：

注释已创建。

(2) 为列添加注释的语法为：
　　COMMENT ON COLUMN 表名.列名 IS '...'
该语法为列添加注释字符串。如 IS 后的字符串为空，则清除列注释。

【训练 3】　为 emp 表的 deptno 列添加注释："部门编号"。
COMMENT ON COLUMN emp.deptno IS '部门编号';
执行结果：
注释已创建。

【练习 1】清除 emp 表的注释。

4.1.3　查看表

使用以下语法可查看表的结构：
　　DESCRIBE 表名；
DESCRIBE 可以简写为 DESC。
可以通过对数据字典 USER_OBJECTS 的查询，显示当前模式用户的所有表。

【训练 1】　显示当前用户的所有表。
SELECT object_name FROM user_objects WHERE object_type='TABLE';
执行结果：
OBJECT_NAME

BONUS
DEPT
EMP
SALGRADE
出版社
图书

4.2　数据完整性和约束条件

要保证数据的正确性，就需要实现表的完整性。完整性主要通过约束条件来实现。

4.2.1　数据完整性约束

表的数据有一定的取值范围和联系，多表之间的数据有时也有一定的参照关系。在创建表和修改表时，可通过定义约束条件来保证数据的完整性和一致性。约束条件是一些规则，在对数据进行插入、删除和修改时要对这些规则进行验证，从而起到约束作用。
完整性包括数据完整性和参照完整性，数据完整性定义表数据的约束条件，参照完整性定义数据之间的约束条件。数据完整性由主键(PRIMARY KEY)、非空(NOT NULL)、惟一(UNIQUE)和检查(CHECK)约束条件定义，参照完整性由外键(FOREIGN KEY)约束条件定义。

约束分为两级，一个约束条件根据具体情况，可以在列级或表级定义。

列级约束：约束表的某一列，出现在表的某列定义之后，约束条件只对该列起作用。

表级约束：约束表的一列或多列，如果涉及到多列，则必须在表级定义。表级约束出现在所有列定义之后。

4.2.2 表的五种约束

表共有五种约束，它们是主键、非空、惟一、检查和外键。

1．主键(PRIMARY KEY)

主键是表的主要完整性约束条件，主键惟一地标识表的每一行。一般情况下表都要定义主键，而且一个表只能定义一个主键。主键可以包含表的一列或多列，如果包含表的多列，则需要在表级定义。主键包含了主键每一列的非空约束和主键所有列的惟一约束。主键一旦成功定义，系统将自动生成一个 B*树惟一索引，用于快速访问主键列。比如图书表中用"图书编号"列作主键，"图书编号"可以惟一地标识图书表的每一行。

主键约束的语法如下：

  [CONSTRANT 约束名] PRIMARY KEY   --列级
  [CONSTRANT 约束名] PRIMARY KEY(列名 1,列名 2,…) --表级

2．非空(NOT NULL)

非空约束指定某列不能为空，它只能在列级定义。在默认情况下，Oracle 允许列的内容为空值。比如"图书名称"列要求必须填写，可以为该列设置非空约束条件。

非空约束语法如下：

  [CONSTRANT 约束名] NOT NULL   --列级

3．惟一(UNIQUE)

惟一约束条件要求表的一列或多列的组合内容必须惟一，即不相重，可以在列级或表级定义。但如果惟一约束包含表的多列，则必须在表级定义。比如出版社表的"联系电话"不应该重复，可以为其定义惟一约束。

惟一约束的语法如下：

  [CONSTRANT 约束名] UNIQUE   --列级
  [CONSTRANT 约束名] UNIQUE(列名 1,列名 2,…) --表级

4．检查(CHECK)

检查约束条件是用来定义表的一列或多列的一个约束条件，使表的每一列的内容必须满足该条件(列的内容为空除外)。在 CHECK 条件中，可以调用 SYSDATE、USER 等系统函数。一个列上可以定义多个 CHECK 约束条件，一个 CHECK 约束可以包含一列或多列。如果 CHECK 约束包含表的多列，则必须在表级定义。比如图书表的"单价"的值必须大于零，就可以设置成 CHECK 约束条件。

检查约束的语法如下：

[CONSTRANT 约束名] CHECK(约束条件)　--列级，约束条件中只包含本列
[CONSTRANT 约束名] CHECK(约束条件)　--表级，约束条件中包含多列

5．外键(FOREIGN KEY)

指定表的一列或多列的组合作为外键，外键参照指定的主键或惟一键。外键的值可以为 NULL，如果不为 NULL，就必须是指定主键或惟一键的值之一。外键通常用来约束两个表之间的数据关系，这两个表含有主键或惟一键的称为主表，定义外键的那张表称为子表。如果外键只包含一列，则可以在列级定义；如果包含多列，则必须在表级定义。外键的列的个数、列的数据类型和长度，应该和参照的主键或惟一键一致。比如图书表的"出版社编号"列，可以定义成外键，参照出版社表的"编号"列，但"编号"列必须先定义成为主键或惟一键。如果外键定义成功，则出版社表称为主表，图书表称为子表。在表的创建过程中，应该先创建主表，后创建子表。

外键约束的语法如下：

第一种语法，如果子记录存在，则不允许删除主记录：

[CONSTRANT 约束名] FOREIGN KEY(列名 1,列名 2,…)REFERENCES 表名(列名 1,列名 2,…)

第二种语法，如果子记录存在，则删除主记录时，级联删除子记录：

[CONSTRANT 约束名] FOREIGN KEY(列名 1,列名 2,…)REFERENCES 表名(列名 1,列名 2,…)on delete cascade

第三种语法，如果子记录存在，则删除主记录时，将子记录置成空：

[CONSTRANT 约束名] FOREIGN KEY(列名 1,列名 2,…)REFERENCES 表名(列名 1,列名 2,…)on delete set null

其中的表名为要参照的表名。

在以上 5 种约束的语法中，CONSTRANT 关键字用来定义约束名，如果省略，则系统自动生成以 SYS_开头的惟一约束名。约束名的作用是当发生违反约束条件的操作时，系统会显示违反的约束条件名称，这样用户就可以了解到发生错误的原因。

4.2.3　约束条件的创建

在表的创建语法中可以定义约束条件：

CREATE TABLE 表名(
列名 数据类型[DEFAULT 表达式][COLUMN CONSTRAINT],…
[TABLE CONSTRAINT]
);

其中，COLUMN CONSTRAINT 用来定义列级约束条件；TABLE CONSTRAINT 用来定义表级约束条件。

【训练 1】　创建带有约束条件的出版社表(如果已经存在，先删除)：

CREATE TABLE 出版社(
编号　VARCHAR2(2) CONSTRAINT PK_1 PRIMARY KEY,
出版社名称　VARCHAR2(30) NOT NULL，

地址 VARCHAR2(30) DEFAULT '未知',
联系电话 VARCHAR2(20)
);
执行结果：
表已创建。

说明：出版社表的主键列是"编号"列，主键名为 PK_1。"出版社名称"必须填写，地址的默认值为"未知"。

【训练2】 创建带有约束条件(包括外键)的图书表(如果已经存在，先删除):
CREATE TABLE 图书(
图书编号 VARCHAR2(5) CONSTRAINT PK_2 PRIMARY KEY,
图书名称 VARCHAR2(30) NOT NULL,
出版社编号 VARCHAR2(2) CHECK(LENGTH(出版社编号)=2) NOT NULL,
作者 VARCHAR2(10) DEFAULT '未知',
出版日期 DATE DEFAULT '01-1月-1900',
数量 NUMBER(3) DEFAULT 1 CHECK(数量>0),
单价 NUMBER(7,2),
CONSTRAINT YS_1 UNIQUE(图书名称,作者),
CONSTRAINT FK_1 FOREIGN KEY(出版社编号) REFERENCES 出版社(编号) ON DELETE CASCADE
);
执行结果：
表已创建。

说明：因为两个表同属于一个用户，故约束名不能相重，图书表的主键为"图书编号"列，主键名为 PK_2。其中，约束条件 CHECK(LENGTH(出版社编号)=2)表示出版社编号的长度必须是2，约束条件 UNIQUE(图书名称,作者)表示"图书名称"和"作者"两列的内容组合必须惟一。FOREIGN KEY(出版社编号) REFERENCES 出版社(编号) 表示图书表的"出版社编号"列参照出版社的"编号"主键列。出版社表为主表，图书表为子表，出版社表必须先创建。ON DELETE CASCADE 表示当删除出版社表的记录时，图书表中的相关记录同时删除，比如删除清华大学出版社，则图书表中清华大学出版社的图书也会被删除。
如果同时出现 DEFAULT 和 CHECK，则 DEFAULT 需要出现在 CHECK 约束条件之前。

【训练3】 插入数据，验证约束条件。
步骤1：插入出版社信息：
INSERT INTO 出版社 VALUES('01','清华大学出版社','北京','010-83456272');
执行结果：
已创建1行。
继续插入
INSERT INTO 出版社 VALUES('01','电子科技大学出版社','西安','029-88201467');

执行结果：

ERROR 位于第 1 行：

ORA-00001: 违反惟一约束条件 (SCOTT.PK_1)

第二个插入语句违反约束条件 PK_1，即出版社表的主键约束，原因是主键的值必须是惟一的。修改第二个语句的编号为"02"，重新执行：

INSERT INTO 出版社 VALUES('02','电子科技大学出版社','西安','029-88201467');

执行结果：

已创建 1 行。

步骤 2：插入图书信息：

INSERT INTO 图书(图书编号,图书名称,出版社编号,作者,单价) VALUES('A0001','计算机原理','01','刘勇',25.30);

执行结果：

已创建 1 行。

继续插入：

INSERT INTO 图书(图书编号，图书名称，出版社编号，作者，单价) VALUES('A0002',' C 语言程序设计','03','马丽', 18.75);

执行结果：

ERROR 位于第 1 行：

ORA-02291: 违反完整约束条件 (SCOTT.FK_1) - 未找到父项关键字

第二个插入语句违反外键约束关系 FK_1，因为在出版社表中，被参照的主键列中没有"03"这个出版社，所以产生未找到父项关键字的错误，修改后重新插入：

INSERT INTO 图书(图书编号，图书名称，出版社编号，作者，单价) VALUES('A0002',' C 语言程序设计','02','马丽', 18.75);

执行结果：

已创建 1 行。

继续插入：

INSERT INTO 图书(图书编号,图书名称,出版社编号,作者,数量,单价) VALUES('A0003','汇编语言程序设计','02','黄海明',0,20.18);

执行结果：

ERROR 位于第 1 行：

ORA-02290: 违反检查约束条件 (SCOTT.SYS_C003114)

插入的数量为 0，违反约束条件 CHECK(数量>0)。该约束条件没有命名，所以约束名 SYS_C003114 为系统自动生成。修改后重新执行：

INSERT INTO 图书(图书编号，图书名称,出版社编号,作者,数量,单价) VALUES('A0003','汇编语言程序设计','02','黄海明',15,20.18);

执行结果：

已创建 1 行。

步骤 3：显示插入结果：

SELECT * FROM 出版社；

执行结果:

编号	出版社名称	地址	联系电话
01	清华大学出版社	北京	010-83456272
02	电子科技大学出版社	西安	029-88201467

继续查询:

SELECT * FROM 图书;

执行结果:

图书编号	图书名称	出版社编号	作者	出版日期	数量	单价
A0001	计算机原理	01	刘勇	01-1月-00	1	25.3
A0002	C语言程序设计	02	马丽	01-1月-00	1	18.75
A0003	汇编语言程序设计	02	黄海明	01-1月-00	15	20.18

步骤4:提交插入的数据:

COMMIT;

执行结果:

提交完成。

说明:在图书表中,没有插入的数量取默认值 1,没有插入的出版日期取默认值 01-1月-00(即 1900 年 1 月 1 日)。

【**训练 4**】 通过删除数据验证 ON DELETE CASCADE 的作用。

步骤1:删除出版社 01(清华大学):

DELETE FROM 出版社 WHERE 编号='01';

执行结果:

已删除 1 行。

步骤2:显示删除结果:

显示出版社表结果:

SELECT * FROM 出版社;

执行结果:

编号	出版社名称	地址	联系电话
02	电子科技大学出版社	西安	029-88201467

显示图书表结果:

SELECT * FROM 图书;

执行结果:

图书编号	图书名称	出版社编号	作者	出版日期	数量	单价
A0002	C语言程序设计	02	马丽	01-1月-00	1	18.75
A0003	汇编语言程序设计	02	黄海明	01-1月-00	15	20.18

步骤3：恢复删除：
ROLLBACK；
回退已完成。

说明：参见训练2，外键约束FK_1带有ON DELETE CASCAD选项，删除清华大学出版社时，对应的图书也自动删除。其他两种情况用户可自行验证。

【练习1】创建学生、系部表，添加必要主键、外键等约束条件。

4.2.4 查看约束条件

数据字典 USER_CONSTRAINTS 中包含了当前模式用户的约束条件信息。其中，CONSTRAINTS_TYPE 显示的约束类型为：

C：CHECK 约束。
P：PRIMARY KEY 约束。
U：UNIQUE 约束。
R：FOREIGN KEY 约束。

其他信息可根据需要进行查询显示，可用 DESCRIBE 命令查看 USER_CONSTRAINTS 的结构。

【训练1】 检查表的约束信息：
SELECT CONSTRAINT_NAME,CONSTRAINT_TYPE,SEARCH_CONDITION FROM USER_CONSTRAINTS WHERE TABLE_NAME='图书'；
执行结果：

```
CONSTRAINT_NAME           C  SEARCH_CONDITION
------------------------- ---- ------------------------------
SYS_C003111               C  "图书名称" IS NOT NULL
SYS_C003112               C  "出版社编号" IS NOT NULL
SYS_C003113               C  LENGTH(出版社编号)=2
SYS_C003114               C  数量>0
PK_2                      P
YS_1                      U
FK_1                      R
```

说明：图书表共有7个约束条件，一个 PRIMARY KEY(P)约束 PK_2，一个 FOREIGN KEY(R)约束 FK_1，一个 UNIQUE(R)约束 YS_1 和 4 个 CHECK(C)约束 SYS_C003111、SYS_C003112、SYS_C003113 和 SYS_C003114，4 个 CHECK 约束的名字是由系统命名的。

4.2.5 使约束生效和失效

约束的作用是保护数据完整性，但有的时候约束的条件可能不再适用或没有必要，如果这个约束条件依然发生作用就会影响操作的效率，比如导出和导入数据时要暂时关闭约束条件，这时可以使用下面的命令关闭或打开约束条件。

使约束条件失效：
　　　　ALTER TABLE 表名 DISABLE CONSTRANT 约束名；
使约束条件生效：
　　　　ALTER TABLE 表名 ENABLE CONSTRANT 约束名；

【训练1】 使图书表的数量检查失效。

步骤1：使约束条件 SYS_C003114(数量>0)失效：

ALTER TABLE 图书 DISABLE CONSTRAINT SYS_C003114;

执行结果：

表已更改。

步骤2：修改数量为0：

UPDATE 图书 SET 数量=0 WHERE 图书编号='A0001';

执行结果：

已更新 1 行。

步骤3：使约束条件 SYS_C003114 生效：

ALTER TABLE 图书 ENABLE CONSTRAINT SYS_C003114;

执行结果：

ERROR 位于第 1 行：

ORA-02293: 无法验证 (SCOTT.SYS_C003114) - 违反检查约束条件

继续执行：

UPDATE 图书 SET 数量=5 WHERE 图书编号='A0001';

执行结果：

已更新 1 行。

继续执行：

ALTER TABLE 图书 ENABLE CONSTRAINT SYS_C003114;

执行结果：

表已更改。

　　说明：在步骤1中，先使名称为 SYS_C003114 (数量>0)的检查条件暂时失效，所以步骤2修改第1条记录的数量为0才能成功。步骤3使该约束条件重新生效，但因为表中有数据不满足该约束条件，所以发生错误，通过修改第一条记录的数量为5，使约束条件重新生效。

4.3 修改表结构

　　如果要对表的结构进行修改，可以删除表然后重新创建，或者可以直接插入、删除、修改表的列定义。

4.3.1 增加新列

　　增加新列的语法如下：

ALTER TABLE 表名
　　ADD 列名 数据类型[DEFAULT 表达式][COLUMN CONSTRAINT];

如果要为表同时增加多列，可以按以下格式进行：

ALTER TABLE 表名
　　ADD (列名 数据类型[DEFAULT 表达式][COLUMN CONSTRAINT]…);

通过增加新列可以指定新列的数据类型、宽度、默认值和约束条件。增加的新列总是位于表的最后。假如新列定义了默认值，则新列的所有行自动填充默认值。对于有数据的表，新增加列的值为 NULL，所以有数据的表，新增加列不能指定为 NOT NULL 约束条件。

【训练1】 为"出版社"增加一列"电子邮件"：

ALTER TABLE 出版社
ADD 电子邮件 VARCHAR2(30) CHECK(电子邮件 LIKE '%@%');

显示结果：
表已更改。

说明：为出版社新增加了一列"电子邮件"，数据类型为 VARCHAR2，宽度为 30。CHECK(电子邮件 LIKE '%@%')表示电子邮件中必须包含字符"@"。可用 DESCRIBE 命令查看表的新结构。

4.3.2 修改列

修改列的语法如下：

ALTER TABLE 表名
　　MODIFY 列名 数据类型 [DEFAULT 表达式][COLUMN CONSTRAINT]

如果要对表同时修改多列，可以按以下格式进行：

ALTER TABLE 表名
　　MODIFY (列名 数据类型[DEFAULT 表达式][COLUMN CONSTRAINT]…);

其中，列名是要修改的列的标识，不能修改。如果要改变列名，只能先删除该列，然后重新增加。其他部分都可以进行修改，如果没有给出新的定义，表示该部分属性不变。

修改列定义还有以下一些特点：

(1) 列的宽度可以增加或减小，在表的列没有数据或数据为 NULL 时才能减小宽度。

(2) 在表的列没有数据或数据为 NULL 时才能改变数据类型，CHAR 和 VARCHAR2 之间可以随意转换。

(3) 只有当列的值非空时，才能增加约束条件 NOT NULL。

(4) 修改列的默认值，只影响以后插入的数据。

【训练1】 修改"出版社"表"电子邮件"列的宽度为 40。

ALTER TABLE 出版社
MODIFY 电子邮件 VARCHAR2(40);

执行结果：
表已更改。

说明：将"电子邮件"列的宽度由原来的 30 修改为 40，约束条件保持不变。可用 DESCRIBE 命令查看新结构。

4.3.3 删除列

删除列的语法如下：
　　ALTER TABLE 表名
　　DROP COLUMN 列名[CASCADE CONSTRAINTS]；
如果要同时删除多列，可以按以下格式进行：
　　ALTER TABLE 表名
　　DROP(COLUMN 列名 数据类型[DEFAULT 表达式][COLUMN CONSTRAINT]…)
[CASCADE CONSTRAINTS]；
当删除列时，列上的索引和约束条件同时被删除。但如果列是多列约束的一部分，则必须指定 CASCADE CONSTRAINTS 才能删除约束条件。

【训练 1】 删除"出版社"表的"电子邮件"列。
ALTER TABLE 出版社
DROP COLUMN 电子邮件；
执行结果：
表已更改。

说明：此训练将"电子邮件"列删除。可用 DESCRIBE 命令查看新结构。
使用以下语法，可以将列置成 UNUSED 状态，这样就不会在表中显示出该列：
　　ALTER TABLE 表名 SET UNUSED COLUMN 列名 [CASCADE CONSTRAINTS]；
以后可以重新使用或删除该列。通过数据字典可以查看标志成 UNUSED 的列。
删除标志成 UNUSED 的列：
　　ALTER TABLE 表名 DROP UNUSED COLUMNS；

【训练 2】 将"图书"表的"出版日期"列置成 UNUSED，并查看。
步骤 1：设置"出版日期"列为 UNUSED：
ALTER TABLE 图书 SET UNUSED COLUMN 出版日期；
步骤 2：显示结构：
DESC 图书；
执行结果：

名称	是否为空？	类型
图书编号	NOT NULL	VARCHAR2(5)
图书名称	NOT NULL	VARCHAR2(30)
出版社编号	NOT NULL	VARCHAR2(2)
作者		VARCHAR2(10)
数量		NUMBER(3)

单价	NUMBER(7,2)

步骤 3：删除 UNUSED 列：

ALTER TABLE 图书 DROP UNUSED COLUMNS;

执行结果：

表已更改。

4.3.4 约束条件的修改

可以为表增加或删除表级约束条件。

1．增加约束条件

增加约束条件的语法如下：

    ALTER TABLE 表名 ADD [CONSTRAINT 约束名] 表级约束条件；

【训练 1】 为 emp 表的 mgr 列增加外键约束：

ALTER TABLE emp ADD CONSTRAINT FK_3 FOREIGN KEY(mgr) REFERENCES emp(empno);

执行结果：

表已更改。

说明：本训练增加的外键为参照自身的外键，含义是 mgr(经理编号)列的内容必须是 empno(雇员编号)之一。

2．删除约束条件

删除约束条件的语法如下：

    ALTER TABLE 表名
    DROP PRIMARY_KEY|UNIQUE(列名)|CONSTRAINT 约束名[CASCADE];

【训练 2】 删除为 emp 表的 mgr 列增加的外键约束：

ALTER TABLE emp DROP CONSTRAINT FK_3;

执行结果：

表已更改。

4.4 分区表简介

4.4.1 分区的作用

在某些场合会使用非常大的表，比如人口信息统计表。如果一个表很大，就会降低查询的速度，并增加管理的难度。一旦发生磁盘损坏，可能整个表的数据就会丢失，恢复比较困难。根据这一情况，可以创建分区表，把一个大表分成几个区(小段)，对数据的操作和管理都可以针对分区进行，这样就可以提高数据库的运行效率。分区可以存在于不同的表空间上，提高了数据的可用性。

分区的依据可以是一列或多列的值，这一列或多列称为分区关键字或分区列。

所有分区的逻辑属性是一样的(列名、数据类型、约束条件等)，但每个分区可以有自己的物理属性(表空间、存储参数等)。

分区有三种：范围分区、哈斯分区和混合分区。

范围分区(RANGE PARTITIONING)：根据分区关键字值的范围建立分区。比如，根据省份为人口数据表建立分区。

哈斯分区(HASH PARTITIONING)：在分区列上使用 HASH 算法进行分区。

混合分区(COMPOSITE PARTITIONING)：混合以上两种方法，使用范围分区建立主分区，使用 HASH 算法建立子分区。

4.4.2 分区的实例

由于分区用到了很多存储参数，故不在这里进行详细讨论，只给出一个范围分区的简单训练实例。

【训练 1】 创建和使用分区表。

步骤 1：创建按成绩分区的考生表，共分为 3 个区：

```
CREATE TABLE 考生 (
考号 VARCHAR2(5),
姓名 VARCHAR2(30),
成绩 NUMBER(3)
)
PARTITION BY RANGE(成绩)
(PARTITION A VALUES LESS THAN (300)
TABLESPACE USERS,
PARTITION B VALUES LESS THAN (500)
TABLESPACE USERS,
PARTITION C VALUES LESS THAN (MAXVALUE)
TABLESPACE USERS
);
```

步骤 2：插入不同成绩的若干考生：

```
INSERT INTO 考生 VALUES('10001','王明',280);
INSERT INTO 考生 VALUES('10002','李亮',730);
INSERT INTO 考生 VALUES('10003','赵成',550);
INSERT INTO 考生 VALUES('10004','黄凯',490);
INSERT INTO 考生 VALUES('10005','马新',360);
INSERT INTO 考生 VALUES('10006','杨丽',670);
```

步骤 3：检查 A 区中的考生：

```
SELECT * FROM 考生 PARTITION(A);
```

执行结果：

考号	姓名	成绩
10001	王明	280

步骤4：检查全部的考生：

SELECT * FROM 考生；

执行结果：

考号	姓名	成绩
10001	王明	280
10004	黄凯	490
10005	马新	360
10002	李亮	730
10003	赵成	550
10006	杨丽	670

说明：共创建A、B、C三个区，A区的分数范围为300分以下，B区的分数范围为300至500分，C区的分数范围为500分以上。共插入6名考生，插入时根据考生分数将自动插入不同的区。

查询A区中的考生，在查询语句后加PARTITION(A)，结果只有一名考生"王明"，分数为280。如不加PARTITION子句，则查询所有区中的全部考生。

4.5 视图创建和操作

视图(VIEW)是一种常用的数据库对象，正确地运用视图，可以提高数据访问的效率和安全性。

4.5.1 视图的概念

视图是基于一张表或多张表或另外一个视图的逻辑表。视图不同于表，视图本身不包含任何数据。表是实际独立存在的实体，是用于存储数据的基本结构。而视图只是一种定义，对应一个查询语句。视图的数据都来自于某些表，这些表被称为基表。通过视图来查看表，就像是从不同的角度来观察一个(或多个)表。

视图有如下一些优点：
- 可以提高数据访问的安全性，通过视图往往只可以访问数据库中表的特定部分，限制了用户访问表的全部行和列。
- 简化了对数据的查询，隐藏了查询的复杂性。视图的数据来自一个复杂的查询，用户对视图的检索却很简单。
- 一个视图可以检索多张表的数据，因此用户通过访问一个视图，可完成对多个表的访问。

- 视图是相同数据的不同表示,通过为不同的用户创建同一个表的不同视图,使用户可分别访问同一个表的不同部分。

视图可以在表能够使用的任何地方使用,但在对视图的操作上同表相比有些限制,特别是插入和修改操作。对视图的操作将传递到基表,所以在表上定义的约束条件和触发器在视图上将同样起作用。

4.5.2 视图的创建

创建视图需要 CREAE VIEW 系统权限,视图的创建语法如下:

CREATE [OR REPLACE] [FORCE|NOFORCE] VIEW 视图名[(别名 1[,别名 2…])]
AS 子查询
[WITH CHECK OPTION [CONSTRAINT 约束名]]
[WITH READ ONLY]

其中:
OR REPLACE 表示替代已经存在的视图。
FORCE 表示不管基表是否存在,创建视图。
NOFORCE 表示只有基表存在时,才创建视图,是默认值。
别名是为子查询中选中的列新定义的名字,替代查询表中原有的列名。
子查询是一个用于定义视图的 SELECT 查询语句,可以包含连接、分组及子查询。
WITH CHECK OPTION 表示进行视图插入或修改时必须满足子查询的约束条件。后面的约束名是该约束条件的名字。
WITH READ ONLY 表示视图是只读的。

删除视图的语法如下:

DROP VIEW 视图名;

删除视图者需要是视图的建立者或者拥有 DROP ANY VIEW 权限。视图的删除不影响基表,不会丢失数据。

1. 创建简单视图

【训练 1】 创建图书作者视图。

步骤 1:创建图书作者视图:

CREATE VIEW 图书作者(书名,作者)
AS SELECT 图书名称,作者 FROM 图书;

输出结果:

视图已建立。

步骤 2:查询视图全部内容

SELECT * FROM 图书作者;

输出结果:

书名	作者
----------------------------	----------------

计算机原理	刘勇
C 语言程序设计	马丽
汇编语言程序设计	黄海明

步骤 3:查询部分视图:

SELECT 作者 FROM 图书作者;

输出结果:

作者

刘勇
马丽
黄海明

说明:本训练创建的视图名称为"图书作者",视图只包含两列,为"书名"和"作者",对应图书表的"图书名称"和"作者"两列。如果省略了视图名称后面的列名,则视图会采用和表一样的列名。对视图查询和对表查询一样,但通过视图最多只能看到表的两列,可见视图隐藏了表的部分内容。

【训练 2】 创建清华大学出版社的图书视图。

步骤 1:创建清华大学出版社的图书视图:

CREATE VIEW 清华图书
AS SELECT 图书名称,作者,单价 FROM 图书 WHERE 出版社编号='01';

执行结果:

视图已建立。

步骤 2:查询图书视图:

SELECT * FROM 清华图书;

执行结果:

图书名称	作者	单价
计算机原理	刘勇	25.3

步骤 3:删除视图:

DROP VIEW 清华图书;

执行结果:

视图已丢掉。

说明:该视图包含了对记录的约束条件。

【练习 1】创建部门 30 的雇员名称和职务的视图,并查询。
【练习 2】创建职务为"MANAGER"的雇员名称和工资的视图,并查询。

2. 创建复杂视图

【训练 3】 修改作者视图,加入出版社名称。
步骤 1:重建图书作者视图:

CREATE OR REPLACE VIEW 图书作者(书名,作者,出版社)
AS SELECT 图书名称,作者,出版社名称 FROM 图书,出版社
WHERE 图书.出版社编号=出版社.编号;

输出结果:

视图已建立。

步骤2:查询新视图内容:

SELECT * FROM 图书作者;

输出结果:

书名	作者	出版社
计算机原理	刘勇	清华大学出版社
C语言程序设计	马丽	电子科技大学出版社
汇编语言程序设计	黄海明	电子科技大学出版社

说明: 本训练中,使用了 OR REPLACE 选项,使新的视图替代了同名的原有视图,同时在查询中使用了相等连接,使得视图的列来自于两个不同的基表。

【训练4】 创建一个统计视图。

步骤1:创建 emp 表的一个统计视图:

CREATE VIEW 统计表(部门名,最大工资,最小工资,平均工资)
AS SELECT DNAME,MAX(SAL),MIN(SAL),AVG(SAL) FROM EMP E,DEPT D
WHERE E.DEPTNO=D.DEPTNO GROUP BY DNAME;

执行结果:

视图已建立。

步骤2:查询统计表:

SELECT * FROM 统计表;

执行结果:

部门名	最大工资	最小工资	平均工资
ACCOUNTING	5000	1300	3050
RESEARCH	3000	800	2175
SALES	2850	950	1566.66667

说明: 本训练中,使用了分组查询和连接查询作为视图的子查询,每次查询该视图都可以得到统计结果。

3. 创建只读视图

创建只读视图要用 WITH READ ONLY 选项。

【训练5】 创建只读视图。

步骤1:创建 emp 表的经理视图:

CREATE OR REPLACE VIEW manager

AS SELECT * FROM emp WHERE job= 'MANAGER'
WITH READ ONLY;

执行结果：

视图已建立。

步骤 2：进行删除：

DELETE FROM manager;

执行结果：

ERROR 位于第 1 行:
ORA-01752: 不能从没有一个键值保存表的视图中删除

4．创建基表不存在的视图

正常情况下，不能创建错误的视图，特别是当基表还不存在时。但使用 FORCE 选项就可以在创建基表前先创建视图。创建的视图是无效视图，当访问无效视图时，Oracle 将重新编译无效的视图。

【训练 6】 使用 FORCE 选项创建带有错误的视图：

CREATE FORCE VIEW 班干部 AS SELECT * FROM 班级 WHERE 职务 IS NOT NULL;

执行结果：

警告：创建的视图带有编译错误。

4.5.3 视图的操作

对视图经常进行的操作是查询操作，但也可以在一定条件下对视图进行插入、删除和修改操作。对视图的这些操作最终传递到基表。但是对视图的操作有很多限定。如果视图设置了只读，则对视图只能进行查询，不能进行修改操作。

下面以对视图进行插入为例进行训练。修改和删除操作与之类似。

1．视图的插入

【训练 1】 视图插入练习。

步骤 1：创建清华大学出版社的图书视图：

CREATE OR REPLACE VIEW 清华图书

AS SELECT * FROM 图书 WHERE 出版社编号='01';

执行结果：

视图已建立。

步骤 2：插入新图书：

INSERT INTO 清华图书 VALUES('A0005','软件工程','01','冯娟',5,27.3);

执行结果：

已创建 1 行。

步骤 3：显示视图：

SELECT * FROM 清华图书;

执行结果:

图书	图书名称	出	作者	数量	单价
A0001	计算机原理	01	刘勇	5	25.3
A0005	软件工程	01	冯娟	5	27.3

步骤 4：显示基表

SELECT * FROM 图书;

执行结果:

图书	图书名称	出	作者	数量	单价
A0001	计算机原理	01	刘勇	5	25.3
A0002	C 语言程序设计	02	马丽	1	18.75
A0003	汇编语言程序设计	02	黄海明	15	20.18
A0005	软件工程	01	冯娟	5	27.3

说明：通过查看视图，可见新图书插入到了视图中。通过查看基表，看到该图书也出现在基表中，说明成功地进行了插入。新图书的出版社编号为"01"，仍然属于"清华大学出版社"。

但是有一个问题，就是如果在"清华图书"的视图中插入其他出版社的图书，结果会怎么样呢？结果是允许插入，但是在视图中看不见，在基表中可以看见，这显然是不合理的。

2. 使用 WITH CHECK OPTION 选项

为了避免上述情况的发生，可以使用 WITH CHECK OPTION 选项。使用该选项，可以对视图的插入或更新进行限制，即该数据必须满足视图定义中的子查询中的 WHERE 条件，否则不允许插入或更新。比如"清华图书"视图的 WHERE 条件是出版社编号要等于"01"（01 是清华大学出版社的编号），所以如果设置了 WITH CHECK OPTION 选项，那么只有出版社编号为"01"的图书才能通过清华视图进行插入。

【训练 2】 使用 WITH CHECK OPTION 选项限制视图的插入。

步骤 1：重建清华大学出版社的图书视图，带 WITH CHECK OPTION 选项：

CREATE OR REPLACE VIEW 清华图书

AS SELECT * FROM 图书 WHERE 出版社编号 = '01'

WITH CHECK OPTION;

执行结果:

视图已建立。

步骤 2：插入新图书：

INSERT INTO 清华图书 VALUES('A0006','Oracle 数据库','02','黄河',3,39.8);

执行结果:

ERROR 位于第 1 行:

ORA-01402: 视图 WITH CHECK OPTIDN 违反 where 子句

说明：可见通过设置了 WITH CHECK OPTION 选项，"02"出版社的图书插入受到了限制。如果修改已有图书的出版社编号情况会如何？答案是将同样受到限制。要是删除视图中已有图书，结果又将怎样呢？答案是可以，因为删除并不违反 WHERE 条件。

3. 来自基表的限制

除了以上的限制，基表本身的限制和约束也必须要考虑。如果生成子查询的语句是一个分组查询，或查询中出现计算列，这时显然不能对表进行插入。另外，主键和 NOT NULL 列如果没有出现在视图的子查询中，也不能对视图进行插入。在视图中插入的数据，也必须满足基表的约束条件。

【训练 3】 基表本身限制视图的插入。

步骤 1：重建图书价格视图：

CREATE OR REPLACE VIEW 图书价格
AS SELECT 图书名称,单价 FROM 图书;

执行结果：

视图已建立。

步骤 2：插入新图书：

INSERT INTO 图书价格 VALUES('Oracle 数据库',39.8);

执行结果：

ERROR 位于第 1 行:
ORA-01400: 无法将 NULL 插入 ("SCOTT"."图书"."图书编号")

说明：在视图中没有出现的基表的列，在对视图插入时，自动默认为 NULL。该视图只有两列可以插入，其他列将默认为空。插入出错的原因是，在视图中不能插入图书编号，而图书编号是图书表的主键，是必须插入的列，不能为空，这就产生了矛盾。

4.5.4 视图的查看

USER_VIEWS 字典中包含了视图的定义。
USER_UPDATABLE_COLUMNS 字典包含了哪些列可以更新、插入、删除。
USER_OBJECTS 字典中包含了用户的对象。
可以通过 DESCRIBE 命令查看字典的其他列信息。在这里给出一个训练例子。

【训练 1】 查看清华图书视图的定义：

SELECT TEXT FROM USER_VIEWS WHERE VIEW_NAME='清华图书';

执行结果：

TEXT

SELECT 图书名称,作者,单价 FROM 图书 WHERE 出版社编号='01'

【训练 2】 查看用户拥有的视图：

SELECT object_name FROM user_objects WHERE object_type='VIEW';
执行结果:
OBJECT_NAME

清华图书
图书作者

4.6 阶 段 训 练

【训练1】 创建学生、系部、课程和成绩表,根据需要设置默认值、约束条件、主键和外键。

步骤1:创建系部表,编号为主键,系部名称非空,电话号码惟一:
CREATE TABLE 系部(
编号 NUMBER(5) PRIMARY KEY,
系部名 VARCHAR2(20) NOT NULL,
地址 VARCHAR2(30),
电话 VARCHAR2(15) UNIQUE,
系主任 VARCHAR2(10)
);

步骤2:创建学生表,学号为主键,姓名非空,性别只能是男或女,电子邮件包含@并且惟一,系部编号参照系部表的编号:
CREATE TABLE 学生 (
学号 VARCHAR2(10) PRIMARY KEY,
姓名 VARCHAR2(10) NOT NULL,
性别 VARCHAR2(2) CHECK(性别='男' OR 性别='女'),
生日 DATE,
住址 VARCHAR2(30),
电子邮件 VARCHAR2(20) CHECK(电子邮件 LIKE '%@%') UNIQUE,
系部编号 NUMBER(5),
CONSTRAINT FK_XBBH FOREIGN KEY(系部编号) REFERENCES 系部(编号)
);

步骤3:创建课程表,编号为主键,课程名非空,学分为1到5:
CREATE TABLE 课程(
编号 NUMBER(5) PRIMARY KEY,
课程名 VARCHAR2(30) NOT NULL,
学分 NUMBER(1) CHECK(学分>0 AND 学分<=5)
);

步骤4:创建成绩表,学号和课程编号为主键,学号参照学生表的学号,课程编号参照课程表的编号:

```
CREATE TABLE 成绩(
学号 VARCHAR2(10),
课程编号 NUMBER(5),
成绩 NUMBER (3),
CONSTRAINT PK PRIMARY KEY(学号,课程编号),
CONSTRAINT FK_XH FOREIGN KEY(学号) REFERENCES 学生(学号),
CONSTRAINT FK_KCBH FOREIGN KEY(课程编号) REFERENCES 课程(编号)
);
```

说明：注意表之间的主从关系，对于系部和学生表，系部表为主表，学生表为子表。学生表的外键表示插入学生的系部编号必须是系部表的编号。对于成绩表，主键是学号和课程编号，表示如果学号相同课程编号必须不同，这样就可以惟一地标识记录。课程表有两个外键，分别参照学生表和课程表，表示成绩表的学号必须是学生表的学号，成绩表的课程编号必须是课程表的编号。

【练习1】向表中插入数据，保证满足约束条件。

4.7 练　　习

1. 创建表时，用来说明字段默认值的是：
   A. CHECK   B. CONSTRAINT
   C. DEFAULT   D. UNIQUE
2. 表的主键特点中，说法错误的是：
   A. 一个表只能定义一个主键   B. 主键可以定义在表级或列级
   C. 主键的每一列都必须非空   D. 主键的每一列都必须惟一
3. 建立外键时添加 ON DELETE CASCADE 从句的作用是：
   A. 删除子表的记录，主表相关记录一同删除
   B. 删除主表的记录，子表相关记录一同删除
   C. 子表相关记录存在，不能删除主表记录
   D. 主表相关记录存在，不能删除子表记录
4. 下面有关表和视图的叙述中错误的是：
   A. 视图的数据可以来自多个表   B. 对视图的数据修改最终传递到基表
   C. 基表不存在，不能创建视图   D. 删除视图不会影响基表的数据
5. 以下类型的视图中，有可能进行数据修改的视图是：
   A. 带 WITH READ ONLY 选项的视图
   B. 子查询中包含分组统计查询的视图
   C. 子查询中包含计算列的视图
   D. 带 WITH CHECK OPTION 选项的视图

第 5 章 其他数据库对象

本章介绍 Oracle 数据库的其他常见模式对象，这些对象是数据库应用中必不可少的部分，它们都是围绕表发生作用的。

【本章要点】
- 索引的创建和使用。
- 序列、同义词的创建和使用。
- 数据库链接。

5.1 数据库模式对象

Oracle 数据库的模式对象如表 5-1 所示。

表 5-1 Oracle 数据库模式对象

对象	名称	作用
TABLE	表	用于存储数据的基本结构
VIEW	视图	以不同的侧面反映表的数据，是一种逻辑上的表
INDEX	索引	加快表的查询速度
CLUSTER	聚簇	将不同表的字段并用的一种特殊结构的表集合
SEQUENCE	序列	生成数字序列，用于在插入时自动填充表的字段
SYNONYM	同义词	为简化和便于记忆，给对象起的别名
DATABASE LINK	数据库链接	为访问远程对象创建的通道
STORED PROCEDURE、FUNCTION	存储过程和函数	存储于数据库中的可调用的程序和函数
PACKAGE、PACKAGE BODY	包和包体	将存储过程、函数及变量按功能和类别进行捆绑
TRIGGER	触发器	由 DML 操作或数据库事件触发的事件处理程序

表和视图已经在前一章中介绍了，本章介绍其他的一些数据库模式对象的概念和用法。有关程序模块的用法在后面章节介绍。

5.2 索 引

5.2.1 Oracle 数据库的索引

索引(INDEX)是为了加快数据的查找而创建的数据库对象，特别是对大表，索引可以有效地提高查找速度，也可以保证数据的惟一性。索引是由 Oracle 自动使用和维护的，一旦创建成功，用户不必对索引进行直接的操作。索引是独立于表的数据库结构，即表和索引是分开存放的，当删除索引时，对拥有索引的表的数据没有影响。

在创建 PRIMARY KEY 和 UNIQUE 约束条件时，系统将自动为相应的列创建惟一(UNIQUE)索引。索引的名字同约束的名字一致。

索引有两种：B*树索引和位图(BITMAP)索引。

B*树索引是通常使用的索引，也是默认的索引类型。在这里主要讨论 B*树索引。B*树是一种平衡 2 叉树，左右的查找路径一样。这种方法保证了对表的任何值的查找时间都相同。

B*树索引可分为：惟一索引、非惟一索引、一列简单索引和多列复合索引。

创建索引一般要掌握以下原则：只有较大的表才有必要建立索引，表的记录应该大于 50 条，查询数据小于总行数的 2%～4%。虽然可以为表创建多个索引，但是无助于查询的索引不但不会提高效率，还会增加系统开销。因为当执行 DML 操作时，索引也要跟着更新，这时索引可能会降低系统的性能。一般在主键列或经常出现在 WHERE 子句或连接条件中的列建立索引，该列称为索引关键字。

5.2.2 索引的创建

创建索引不需要特定的系统权限。建立索引的语法如下：

CREATE [{UNIQUE|BITMAP}] INDEX 索引名 ON 表名(列名1[, 列名2, …]);

其中：

UNIQUE 代表创建惟一索引，不指明为创建非惟一索引。

BITMAP 代表创建位图索引，如果不指明该参数，则创建 B*树索引。

列名是创建索引的关键字列，可以是一列或多列。

删除索引的语法是：

DROP INDEX 索引名;

删除索引的人应该是索引的创建者或拥有 DROP ANY INDEX 系统权限的用户。索引的删除对表没有影响。

【训练1】 创建和删除索引。

步骤1：创建索引：

CREATE INDEX EMP_ENAME ON EMP(ENAME);

执行结果：

索引已创建。

步骤2：查询中引用索引：

SELECT ENAME,JOB,SAL FROM EMP WHERE ENAME='SCOTT';

执行结果：

```
ENAME          JOB                 SAL
----------     ------------------  --------------------
SCOTT          ANALYST             3000
```

步骤 3：删除索引：
DROP INDEX EMP_ENAME;
执行结果：
索引已丢弃。

说明：本例创建的是 B*树非惟一简单索引。索引关键字列是 ENAME。在步骤 2 中，因为 WHERE 条件中出现了索引关键字，所以查询中索引会被自动引用，但是由于行数很少，因此不会感觉到查询速度的差别。

【训练 2】 创建复合索引。
步骤 1：创建复合索引：
CREATE INDEX EMP_JOBSAL ON EMP(JOB,SAL);
执行结果：
索引已创建。
步骤 2：查询中引用索引：
SELECT ENAME,JOB,SAL FROM EMP WHERE JOB='MANAGER'AND SAL>2500;
执行结果：

ENAME	JOB	SAL
BLAKE	MANAGER	2850
CLARK	MANAGER	2850
JONES	MANAGER	2975

说明：在本例中创建的是包含两列的复合索引。JOB 是主键，SAL 是次键。WHERE 条件中引用了 JOB 和 SAL，而且是按照索引关键字出现的顺序引用的，所以在查询中，索引会被引用。

如下的查询也会引用索引：
SELECT ENAME,JOB,SAL FROM EMP WHERE JOB='CLERK';
但以下查询不会引用索引，因为没有先引用索引关键字的主键：
SELECT ENAME,JOB,SAL FROM EMP WHERE SAL>2500;

5.2.3 查看索引

通过查询数据字典 USER_INDEXES 可以检查创建的索引。
通过查询数据字典 USER_IND_COLUMNS 可以检查索引的列。

【训练 1】 显示 emp 表的索引：
SELECT INDEX_NAME, INDEX_TYPE, UNIQUENESS FROM USER_INDEXES WHERE TABLE_NAME ='EMP';
执行结果：

INDEX_NAME	INDEX_TYPE	UNIQUENES

| EMP_JOBSAL | NORMAL | NONUNIQUE |
| PK_EMP | NORMAL | UNIQUE |

说明：由本训练可见，emp 表共有两个索引，其中 EMP_JOBSAL 是刚刚创建的，属于非惟一索引。PK_EMP 为生成主键时系统创建的索引，属于惟一索引。

【训练2】 显示索引的列。
SELECT COLUMN_NAME FROM USER_IND_COLUMNS
WHERE INDEX_NAME='EMP_JOBSAL';
执行结果：
COLUMN_NAME

JOB
SAL

说明：该查询显示出索引"EMP_JOBSAL"拥有两列：JOB 和 SAL。

5.3 序　　列

5.3.1 序列的创建

序列(SEQUENCE)是序列号生成器，可以为表中的行自动生成序列号，产生一组等间隔的数值(类型为数字)。其主要的用途是生成表的主键值，可以在插入语句中引用，也可以通过查询检查当前值，或使序列增至下一个值。

创建序列需要 CREATE SEQUENCE 系统权限。序列的创建语法如下：

　　CREATE SEQUENCE 序列名
　　[INCREMENT BY n]
　　[START WITH n]
　　[{MAXVALUE n|NOMAXVALUE}]
　　[{MINVALUE n|NOMINVALUE}]
　　[{CYCLE|NOCYCLE}]
　　[{CACHE n|NOCACHE}];

其中：

INCREMENT BY 用于定义序列的步长，如果省略，则默认为1，如果出现负值，则代表序列的值是按照此步长递减的。

START WITH 定义序列的初始值(即产生的第一个值)，默认为 1。

MAXVALUE 定义序列生成器能产生的最大值。选项 NOMAXVALUE 是默认选项，代表没有最大值定义，这时对于递增序列，系统能够产生的最大值是 10 的 27 次方；对于递减序列，最大值是-1。

MINVALUE 定义序列生成器能产生的最小值。选项 NOMAXVALUE 是默认选项，代表没有最小值定义，这时对于递减序列，系统能够产生的最小值是-10 的 26 次方；对于递增序列，最小值是 1。

CYCLE 和 NOCYCLE 表示当序列生成器的值达到限制值后是否循环。CYCLE 代表循环，NOCYCLE 代表不循环。如果循环，则当递增序列达到最大值时，循环到最小值；对于递减序列达到最小值时，循环到最大值。如果不循环，达到限制值后，继续产生新值就会发生错误。

CACHE(缓冲)定义存放序列的内存块的大小，默认为 20。NOCACHE 表示不对序列进行内存缓冲。对序列进行内存缓冲，可以改善序列的性能。

删除序列的语法是：

DROP SEQUENCE 序列名;

删除序列的人应该是序列的创建者或拥有 DROP ANY SEQUENCE 系统权限的用户。序列一旦删除就不能被引用了。

序列的某些部分也可以在使用中进行修改，但不能修改 SATRT WITH 选项。对序列的修改只影响随后产生的序号，已经产生的序号不变。修改序列的语法如下：

ALTER SEQUENCE 序列名
[INCREMENT BY n]
[{MAXVALUE n|NOMAXVALUE}]
[{MINVALUE n|NOMINVALUE}]
[{CYCLE|NOCYCLE}]
[{CACHE n|NOCACHE}];

【训练 1】 创建和删除序列。

步骤 1：创建序列：

CREATE SEQUENCE ABC INCREMENT BY 1 START WITH 10 MAXVALUE 9999999 NOCYCLE NOCACHE;

执行结果：

序列已创建。

步骤 2：删除序列：

DROP SEQUENCE ABC;

执行结果：

序列已丢弃。

说明：以上创建的序列名为 ABC，是递增序列，增量为 1，初始值为 10。该序列不循环，不使用内存。没有定义最小值，默认最小值为 1，最大值为 9 999 999。

5.3.2 序列的使用

如果已经创建了序列，怎样才能引用序列呢？方法是使用 CURRVAL 和 NEXTVAL 来引用序列的值。

调用 NEXTVAL 将生成序列中的下一个序列号，调用时要指出序列名，即用以下方式调用：

  序列名.NEXTVAL

CURRVAL 用于产生序列的当前值，无论调用多少次都不会产生序列的下一个值。如果序列还没有通过调用 NEXTVAL 产生过序列的下一个值，先引用 CURRVAL 没有意义。调用 CURRVAL 的方法同上，要指出序列名，即用以下方式调用：

  序列名.CURRVAL.

【训练1】 产生序列的值。

步骤1：产生序列的第一个值：

SELECT ABC.NEXTVAL FROM DUAL;

执行结果：

```
  NEXTVAL
-----------
       10
```

步骤2：产生序列的下一个值：

SELECT ABC.NEXTVAL FROM DUAL;

执行结果：

```
  NEXTVAL
-----------
       11
```

步骤3：产生序列的当前值：

SELECT ABC.CURRVAL FROM DUAL;

执行结果：

```
  CURRVAL
-----------
       11
```

说明：第一次调用 NEXTVAL 产生序列的初始值，根据定义知道初始值为 10。第二次调用产生 11，因为序列的步长为 1。调用 CURRVAL，显示当前值 11，不产生新值。

【训练2】 序列的应用：产生图书序列号。

步骤1：创建序列：

CREATE SEQUENCE BOOKID INCREMENT BY 1 START WITH 10 MAXVALUE 9999999 NOCYCLE NOCACHE;

执行结果：

序列已创建。

步骤2：使用序列生成新的图书编号：

INSERT INTO 图书 VALUES('A'||TO_CHAR(BOOKID.NEXTVAL, 'fm0000'), '多媒体制作', '01', '高建',3,28.00);

INSERT INTO 图书 VALUES('A'||TO_CHAR(BOOKID.NEXTVAL, 'fm0000'), '网页制作精选','01','刘莹',4,26.50);

执行结果:

已创建 1 行。

已创建 1 行。

步骤 2：显示插入结果：

SELECT * FROM 图书;

执行结果：

图书	图书名称	出	作者	数量	单价
A0001	计算机原理	01	刘勇	5	25.3
A0002	C 语言程序设计	02	马丽	1	18.75
A0003	汇编语言程序设计	02	黄海明	15	20.18
A0005	软件工程	01	冯娟	5	27.3
A0010	多媒体制作	01	高建	3	28
A0011	网页制作精选	01	刘莹	4	26.5

说明：根据序列定义可知，序列产生的初始值为 10，函数 TO_CHAR 将数字 10 转换为字符。格式字符串 "fm0000" 表示转换为 4 位的字符串，空位用 0 填充。fm 表示去掉转换结果的空格。故 10 将被转换成为字符串 "0010"。连接运算后的图书编号为 "A0010"。第二次调用则产生 "A0011"，以此类推。

注意：通过查询看到插入的序号是连续的，但如果在插入的过程中使用了回退或发生了系统崩溃等情况，可能会产生序号的间隔。

5.3.3 查看序列

同过数据字典 USER_OBJECTS 可以查看用户拥有的序列。

通过数据字典 USER_SEQUENCES 可以查看序列的设置。

【训练 1】 查看用户的序列：

SELECT SEQUENCE_NAME,MIN_VALUE,MAX_VALUE,INCREMENT_BY,LAST_NUMBER FROM USER_SEQUENCES;

执行结果：

SEQUENCE_NAME	MIN_VALUE	MAX_VALUE	INCREMENT_BY	LAST_NUMBER
ABC	1	9999999	1	12
BOOKID	1	9999999	1	12

说明：当前用户拥有两个序列：ABC 和 BOOKID。

5.4 同 义 词

5.4.1 模式对象的同义词

同义词(SYNONYM)是为模式对象起的别名,可以为表、视图、序列、过程、函数和包等数据库模式对象创建同义词。同义词有两种:公有同义词和私有同义词。公有同义词是对所有用户都可用的。创建公有同义词必须拥有系统权限 CREATE PUBLIC SYNONYM;创建私有同义词需要 CREATE SYNONYM 系统权限。私有同义词只对拥有同义词的账户有效,但私有同义词也可以通过授权,使其对其他用户有效。同义词通过给本地或远程对象分配一个通用或简单的名称,隐藏了对象的拥有者和对象的真实名称,也简化了 SQL 语句。

如果同义词同对象名称重名,私有同义词又同公有同义词重名,那么,识别的顺序是怎样的呢?如果存在对象名,则优先识别,其次识别私有同义词,最后识别公有同义词。比如,执行以下的 SELECT 语句:

SELECT * FROM ABC;

如果存在表 ABC,就对表 ABC 执行查询语句;如果不存在表 ABC,就去查看是否有私有同义词 ABC,如果有就对 ABC 执行查询(此时 ABC 是另外一个表的同义词);如果没有私有同义词 ABC,则去查找公有同义词;如果找不到,则查询失败。

5.4.2 同义词的创建和使用

同义词的创建语法如下:

CREATE [PUBLIC] SYNONYM 同义词名
FOR [模式名.]对象名[@数据库链路名];

其中:

PUBLIC 代表创建公有同义词,若省略则代表创建私有同义词。

模式名代表拥有对象的模式账户名。

数据库链路名是指向远程对象的数据库链接。

删除同义词的语法如下

DROP SYNONYM 同义词名;

删除同义词的人必须是同义词的拥有者或有 DROP ANY SYNONYM 权限的人。删除同义词不会删除对应的对象。

【训练 1】 创建同义词。

步骤 1:创建私有同义词:

CREATE SYNONYM BOOK FOR 图书;

执行结果:

同义词已创建。

步骤 2：创建公有同义词(先要获得创建公有同义词的权限)：

CREATE PUBLIC SYNONYM BOOK FOR SCOTT.图书;

执行结果:

同义词已创建。

步骤 3：使用同义词：

SELECT * FROM BOOK;

执行结果:

图书	图书名称	出	作者	数量	单价
A0001	计算机原理	01	刘勇	5	25.3
A0002	C 语言程序设计	02	马丽	1	18.75
A0003	汇编语言程序设计	02	黄海明	15	20.18
A0005	软件工程	01	冯娟	5	27.3
A0010	多媒体制作	01	高建	3	28
A0011	网页制作精选	01	刘莹	4	26.5

说明：对"BOOK"的查询等效于对"图书"的查询。如果同义词只是用户自己使用，则对象名前的模式名可以省略，如步骤 1。如果是为其他用户使用，则必须添加模式名，如步骤 2。

【练习 1】为视图"清华图书"创建私有同义词 QHBOOK。

5.4.3 同义词的查看

通过查询数据字典 USER_OBJECTS 和 USER_SYNONYMS，可以查看同义词信息。

【训练 1】 查看用户拥有的同义词：

SELECT OBJECT_NAME FROM USER_OBJECTS WHERE OBJECT_TYPE='SYNONYM';

执行结果:

OBJECT_NAME

BOOK
QHBOOK

5.4.4 系统定义同义词

系统为常用的对象预定义了一些同义词，利用它们可以方便地访问用户的常用对象。这些同义词如表 5-2 所示。

表 5-2 Oracle 数据库模式对象

同义词	对象名称	作　用
DICT	DICTIONARY	数据字典
CAT	USER_CATALOG	用户拥有的表、视图、同义词和序列
CLU	USER_CLUSTERS	用户拥有的聚簇
IND	USER_INDEXES	用户拥有的索引
OBJ	USER_OBJECTS	用户拥有的对象
SEQ	USER_SEQUENCES	用户拥有的序列
SYN	USER_SYNONYMS	用户拥有的私有同义词
COLS	USER_TAB_COLUMNS	用户拥有的表、视图和聚簇的列
TABS	USER_TABLES	用户拥有的表

【训练 1】　查看用户拥有的表：
SELECT TABLE_NAME FROM TABS;
执行结果：
TABLE_NAME

BONUS
DEPT
EMP
　⋮

5.5　聚　　簇

所谓聚簇(CLUSTER)，形象地说，就是生长在一起的表。聚簇包含一张或多张表，表的公共列被称为聚簇关键字，在公共列上具有同一值的列物理上存储在一起。那么在什么情况下需要创建聚簇呢？通常在多个表有共同的列时，应使用聚簇。比如有一张学生基本情况表，其中包含学生的学号、姓名、性别、住址等信息。另外，还设计了一张学生成绩表，其中除了包含学生成绩，也包含学生的学号、姓名、性别。那么这两张表共同的列就可以创建成聚簇。这样两张表的共同的学号、姓名和性别，就存放在了一起，相同的值只存放一次。如果两个表通过聚簇列进行联合，则会大大提高查询的速度，但对于插入等操作则会降低效率。

创建聚簇后，要创建使用聚簇的表，对聚簇还应该建立索引。如果不对聚簇建立索引，则不能对聚簇表进行插入、修改和删除操作。

创建聚簇需要 CREATE CLUSTER 系统权限。创建聚簇的语法如下：
　　CREATE CLUSTER　聚簇名(列名 1 [，列名 2]…)
　　SIZE n
　　TABLESPACE 表空间名;

列名是构成聚簇关键字的列集合。
SIZE 指明存储所有含有相同聚簇关键字的行的平均存储空间数(聚簇逻辑块的大小)。
TABLESPACE 定义聚簇使用的表空间。
删除聚簇使用如下语法：
    DROP CLUSTER 聚簇名 [INCLUDING TABLES [CASCADE CONSTRAINTS]];
其中：
INCLUDING TABLES 表示一同删除聚簇表。如果不指明此选项，则必须手工删除聚簇表后才能删除聚簇本身。
CASCADE CONSTRAINTS 表示删除聚簇表时，一起删除同其他表之间的约束关系。

【训练 1】 创建和使用聚簇。
步骤 1：创建聚簇：
CREATE CLUSTER COMM(STUNO NUMBER(5),STUNAME VARCHAR2(10),SEX VARCHAR2(2))
SIZE 500
TABLESPACE USERS;
执行结果：
已创建数据簇。
步骤 2：创建第一张聚簇表：
CREATE TABLE STUDENT(
STUNO NUMBER(5),
STUNAME VARCHAR2(10),
SEX VARCHAR2(2),
ADDRESS VARCHAR2(20),
E_MAIL VARCHAR2(20)
)
CLUSTER COMM(STUNO,STUNAME,SEX);
执行结果：
表已创建。
步骤 3：创建第二张聚簇表：
CREATE TABLE SCORE(
STUNO NUMBER(5),
STUNAME VARCHAR2(10),
SEX VARCHAR2(2),
CHINESE NUMBER(3),
MATH NUMBER(3),
ENGLISH NUMBER(3))
CLUSTER COMM(STUNO,STUNAME,SEX);
执行结果：
表已创建。

步骤 4：为聚簇创建索引：
CREATE INDEX INX_COMM ON CLUSTER COMM;
步骤 5：向表中插入数据：
INSERT INTO STUDENT VALUES(10001,'黄凯','男','宝安','HK123@163.COM');
INSERT INTO STUDENT VALUES(10002,'苏丽','女','罗湖','SL99@163.COM');
INSERT INTO STUDENT VALUES(10003,'刘平平','男','南山','PP2003@SHOU.COM');
INSERT INTO SCORE VALUES(10001,'黄凯','男',70,85,93);
INSERT INTO SCORE VALUES(10002,'苏丽','女',65,74,83);
INSERT INTO SCORE VALUES(10003,'刘平平','男',88,75,69);
执行结果：略。
步骤 6：删除聚簇及聚簇表：
DROP CLUSTER COMM INCLUDING TABLES CASCADE CONSTRAINTS;
执行结果：
数据簇已丢弃。

说明：在本例的两个表中，为其三个共同列 STUNO、STUNAME 和 SEX 创建了聚簇，在创建表时说明了使用的聚簇，创建聚簇后为其创建了索引，然后插入了一些数据。

5.6 数据库链接

数据库链接(DATABASE LINK)是在分布式环境下，为了访问远程数据库而创建的数据通信链路。数据库链接隐藏了对远程数据库访问的复杂性。通常，我们把正在登录的数据库称为本地数据库，另外的一个数据库称为远程数据库。有了数据库链接，可以直接通过数据库链接来访问远程数据库的表。常见的形式是访问远程数据库固定用户的链接，即链接到指定的用户，创建这种形式的数据库链接的语句如下：

　　CREATE DATABASE LINK 链接名 CONNECT TO 账户 IDENTIFIED BY 口令 USING 服务名；
创建数据库链接，需要 CREATE DATABASE LINK 系统权限。
数据库链接一旦建立并测试成功，就可以使用以下形式来访问远程用户的表。
　　表名@数据库链接名

【训练 1】　在局域网上创建和使用数据库链接。
步骤 1：创建远程数据库的服务名，假定局域网上另一个数据库服务名为 MYDB_REMOTE。
步骤 2：登录本地数据库 SCOTT 账户，创建数据库链接：
CONNECT SCOTT/TIGER@MYDB
CREATE DATABASE LINK abc CONNECT TO scott IDENTIFIED BY tiger USING 'MYDB_REMOTE';
执行结果为：
数据库链接已创建。
步骤 3：查询远程数据库的数据：

SELECT * FROM emp@abc;
结果略。
步骤 4：一个分布查询：
SELECT ename,dname FROM emp@abc e,dept d WHERE e.deptno=d.deptno;
结果略。

说明： 在本例中，远程数据库服务名是 MYDB_REMOTE，创建的数据库链接名称是 abc.emp@abc 表示远程数据库的 emp 表。步骤 4 是一个联合查询，数据来自本地服务器的 dept 表和远程服务器的 emp 表。

5.7 练 习

1. 以下关键字中表示序列的是：
   A. SEQUENCE   B. SYNONYM
   C. CLUSTER   D. DATABASE LINK
2. 关于索引，说法错误的是：
   A. 索引总是可以提高检索的效率
   B. 索引由系统自动管理和使用
   C. 创建表的主键会自动创建索引
   D. 删除索引对拥有索引的表的数据没有影响
3. 语句 CREATE INDEX ABC ON emp(ename) 创建的序列类型是：
   A. B*树惟一索引   B. B*树非惟一索引
   C. B*树惟一复合索引   D. B*树非惟一复合索引
4. 关于序列，说法错误的是：
   A. 序列产生的值的类型为数值型
   B. 序列产生的值的间隔总是相等的
   C. 引用序列的当前值可以用 CURRVAL
   D. 序列一旦生成便不能修改，只能重建
5. 关于同义词，说法错误的是：
   A. 同义词只能由创建同义词的用户使用
   B. 可以为存储过程创建同义词
   C. 同义词可以和表重名
   D. 公有同义词和私有同义词创建的权限不同

第 6 章 PL/SQL 基础

SQL*Plus 不仅支持 SQL 语句的执行，也是一个进行程序设计的环境。在 SQL*Plus 环境下进行程序设计的语言称为 PL/SQL(PL 是 Procedural Language 的缩写)，是对 SQL 语言的一种扩充。PL/SQL 是 Oracle 其他高级开发工具的基础。本章的介绍基于学生已经有一定的 C 语言或其他语言的程序设计基础，因此在这里只给出简要的语法说明。

【本章要点】
◆ 认识 PL/SQL 过程语言。
◆ 学习 PL/SQL 语言的基本结构、数据类型和变量定义。
◆ 学习使用程序的分支结构。
◆ 学习使用程序的循环结构。

6.1 PL/SQL 的基本构成

6.1.1 特点

PL/SQL 语言是 SQL 语言的扩展，具有为程序开发而设计的特性，如数据封装、异常处理、面向对象等特性。PL/SQL 是嵌入到 Oracle 服务器和开发工具中的，所以具有很高的执行效率和同 Oracle 数据库的完美结合。在 PL/SQL 模块中可以使用查询语句和数据操纵语句(即进行 DML 操作)，这样就可以编写具有数据库事务处理功能的模块。至于数据定义(DDL)和数据控制(DCL)命令的处理，需要通过 Oracle 提供的特殊的 DMBS_SQL 包来进行。PL/SQL 还可以用来编写过程、函数、包及数据库触发器。过程和函数也称为子程序，在定义时要给出相应的过程名和函数名。它们可以存储在数据库中成为存储过程和存储函数，并可以由程序来调用，它们在结构上同程序模块类似。

PL/SQL 过程化结构的特点是：可将逻辑上相关的语句组织在一个程序块内；通过嵌入或调用子块，构造功能强大的程序；可将一个复杂的问题分解成为一组便于管理、定义和实现的小块。

6.1.2 块结构和基本语法要求

PL/SQL 程序的基本单元是块(BLOCK)，块就是实现一定功能的逻辑模块。一个 PL/SQL 程序由一个或多个块组成。块有固定的结构，也可以嵌套。一个块可以包括三个部分，每个部分由一个关键字标识。

　　块中各部分的作用解释如下:

　　(1) DECLARE：声明部分标志。

　　程序的声明部分(本部分可省略)用于定义常量、变量、游标和用户自定义的异常,除了程序中隐含定义的变量以外,所有在程序中用到的变量均应在该部分定义。

　　(2) BEGIN：可执行部分标志。

　　程序的可执行部分(本部分不可省略)用于实现程序的主要功能,可以书写控制结构,也可以插入 SQL 语句进行数据库的访问与操作。

　　(3) EXCEPTION：异常处理部分标志。

　　程序的异常处理部分(包含在可执行部分中)用于书写程序发生错误时的处理动作代码,如果没有对相应的错误进行处理,会显示系统定义错误信息。

　　(4) END;：程序结束标志。

　　一个包含以上部分的块程序结构如下所示

　　　　DELCARE

　　　　BEGIN

　　　　EXCEPTION

　　　　END;

　　只包含可执行部分的块结构如下所示:

　　　　BEGIN

　　　　END;

　　在以下的训练中,将使用函数 DBMS_OUTPUT.PUT_LINE 显示输出结果。DBMS_OUTPUT 是 Oracle 提供的包,该包有如下三个用于输出的函数,用于显示 PL/SQL 程序模块的输出信息。

　　第一种形式:

　　　　DBMS_OUTPUT.PUT(字符串表达式);

用于输出字符串,但不换行,括号中的参数是要输出的字符串表达式。

　　第二种形式:

　　　　DBMS_OUTPUT.PUT_LINE(字符串表达式);

用于输出一行字符串信息,并换行,括号中的参数是要输出的字符串表达式。

　　第三种形式:

　　　　DBMS_OUTPUT.NEW_LINE;

用来输出一个换行，没有参数。

调用函数时，在包名后面用一个点"."和函数名分隔，表示隶属关系。

要使用该方法显示输出数据，在 SQL*Plus 环境下要先执行一次如下的环境设置命令：

SET SERVEROUTPUT ON [SIZE n]

用来打开 DBMS_OUTPUT.PUT_LINE 函数的屏幕输出功能，系统默认状态是 OFF。其中，n 表示输出缓冲区的大小。n 的范围在 2000～1 000 000 之间，默认为 2000。如果输出内容较多，需要使用 SIZE n 来设置较大的输出缓冲区。

在 PL/SQL 模块中可以使用查询语句和数据操纵语句(即进行 DML 操作)，所以 PL/SQL 程序是同 SQL 语言紧密结合在一起的。在 PL/SQL 程序中，最常见的是使用 SELECT 语句从数据库中获取信息，同直接执行 SELECT 语句不同，在程序中的 SELECT 语句总是和 INTO 相配合，INTO 后跟用于接收查询结果的变量，形式如下：

SELECT 列名1，列名2... INTO 变量1，变量2... FROM 表名 WHERE 条件；

注意：接收查询结果的变量类型、顺序和个数同 SELECT 语句的字段的类型、顺序和个数应该完全一致。并且 SELECT 语句返回的数据必须是一行，否则将引发系统错误。当程序要接收返回的多行结果时，可以采用后面介绍的游标的方法。

使用 INSERT、DELETE 和 UPDATE 的语法没有变化，但在程序中要注意判断语句执行的状态，并使用 COMMIT 或 ROLLBACK 进行事务处理。

以下训练包含了按照标准结构书写的一个包含 SELECT 语句的 PL/SQL 程序示例。

【训练1】 查询雇员编号为 7788 的雇员姓名和工资。

步骤1：用 SCOTT 账户登录 SQL*Plus。

步骤2：在输入区输入以下程序：

```
/*这是一个简单的示例程序*/
SET SERVEROUTPUT ON
DECLARE--定义部分标识
    v_name    VARCHAR2(10);           --定义字符串变量 v_name
    v_sal     NUMBER(5);              --定义数值变量 v_sal
BEGIN                                  --可执行部分标识
    SELECT ename,sal
    INTO v_name,v_sal
    FROM emp
    WHERE empno=7788;                  --在程序中插入的 SQL 语句
    DBMS_OUTPUT.PUT_LINE('7788 号雇员是：'||v_name||'，工资为：'||to_char(v_sal));
                                       --输出雇员名和工资
END;                                   --结束标识
```

步骤3：按执行按钮或 F5 快捷键执行程序。

输出的结果是：

7788 号雇员是：SCOTT，工资为：3000

PL/SQL 过程已成功完成。

以上程序的作用是，查询雇员编号为 7788 的雇员姓名和工资，然后显示输出。这种方法同直接在 SQL 环境下执行 SELECT 语句显示雇员的姓名和工资比较，程序变得更复杂。那么两者究竟有什么区别呢？SQL 查询的方法，只限于 SQL 环境，并且输出的格式基本上是固定的。而程序通过把数据取到变量中，可以进行复杂的处理，完成 SQL 语句不能实现的功能，并通过多种方式输出。

"--"是注释符号，后边是程序的注释部分。该部分不编译执行，所以在输入程序时可以省略。/*……*/中间也是注释部分，同"--"注释方法不同，它可以跨越多行进行注释。

PL/SQL 程序的可执行语句、SQL 语句和 END 结束标识都要以分号结束。

6.1.3 数据类型

变量的基本数据类型同 SQL 部分的字段数据类型相一致，但是也有不同，如表 6-1 所示。

表 6-1 变量的数据类型

数据类型			子类型
纯量类型	数值	BINARY_INTEGER	NATURAL,POSITIVE
		NUMBER	DEC,DECIMAL,DOUBLE PRECISION,PLOAT,INTEGER,INT,NUMERIC,REAL,SMALLINT
	字符	CHAR	CHARACTER,STRING
		VARCHAR2	VARCHAR
		LONG	
		LONG RAW	
		RAW	
		RAWID	
	逻辑	BOOLEAN	
	日期	DATE	
组合类型	记录	RECORD	
	表	TABLE	

常用的数据类型有字符型、数值型、日期型和逻辑型，它们的说明如表 6-2 所示。

表 6-2 数据类型说明

类型标识符	说明
NUMBER	数值型
INT	整数型
BINARY_INTEGER	整数型，带符号
CHAR	定长字符型，最大 32 767 个字符
VARCHAR2	变长字符型，最大 32 767 个字符
LONG	变长字符型，最长 2 GB
DATE	日期型，用于存储日期和时间
BOOLEAN	布尔型，用于存储逻辑值 TRUE 和 FALSE
LOB	大对象类型，用来存储非结构化数据，长度可达 4 GB

NUMBER 和 VARCHAR2 是最常用的数据类型。

VARCHAR2 是可变长度的字符串，定义时指明最大长度，存储数据的长度是在最大长度的范围自动调节的，数据前后的空格，Oracle 9i 会自动将其删去。

NUMBER 型可以定义数值的总长度和小数位，如 NUMBER(10,3)表示定义一个宽度为 10、小数位为 3 的数值。整个宽度减去小数部分的宽度为整数部分的宽度，所以整数部分的宽度为 7。

CHAR 数据类型为固定长度的字符串，定义时要指明宽度，如不指明，默认宽度为 1。定长字符串在显示输出时，有对齐的效果。

DATE 类型用于存储日期数据，内部使用 7 个字节。其中包括年、月、日、小时、分钟和秒数。默认的格式为 DD-MON-YY，如：07-8月-03 表示 2003 年 8 月 7 日。

BOOLEAN 为布尔型，用于存储逻辑值，可用于 PL/SQL 的控制结构。

LOB 数据类型可以存储视频、音频或图片，支持随机访问，存储的数据可以位于数据库内或数据库外，具体有四种类型：BFILE、BLOB、CLOB、NCLOB。但是操纵大对象需要使用 Oracle 提供的 DBMS_LOB 包。

6.1.4 变量定义

1. 变量定义

变量的作用是用来存储数据，可以在过程语句中使用。变量在声明部分可以进行初始化，即赋予初值。变量在定义的同时也可以将其说明成常量并赋予固定的值。变量的命名规则是：以字母开头，后跟其他的字符序列，字符序列中可以包含字母、数值、下划线等符号，最大长度为 30 个字符，不区分大小写。不能使用 Oracle 的保留字作为变量名。变量名不要和在程序中引用的字段名相重，如果相重，变量名会被当作列名来使用。

变量的作用范围是在定义此变量的程序范围内，如果程序中包含子块，则变量在子块中也有效。但在子块中定义的变量，仅在定义变量的子块中有效，在主程序中无效。

变量定义的方法是：

    变量名 [CONSTANT] 类型标识符 [NOT NULL][:=值|DEFAULT 值];

关键字 CONSTANT 用来说明定义的变量是常量，如果是常量，必须有赋值部分进行赋值。

关键值 NOT NULL 用来说明变量不能为空。

:=或 DEFAULT 用来为变量赋初值。

变量可以在程序中使用赋值语句重新赋值。通过输出语句可以查看变量的值。

在程序中为变量赋值的方法是：

    变量名:=值 或 PL/SQL 表达式;

以下是有关变量定义和赋值的练习。

【训练 1】 变量的定义和初始化。

输入和运行以下程序：

SET SERVEROUTPUT ON
DECLARE   --声明部分标识

```
    v_job            VARCHAR2(9);
    v_count          BINARY_INTEGER DEFAULT 0;
    v_total_sal      NUMBER(9,2) := 0;
    v_date           DATE := SYSDATE + 7;
    c_tax_rate       CONSTANT NUMBER(3,2) := 8.25;
    v_valid          BOOLEAN NOT NULL := TRUE;
BEGIN
    v_job:='MANAGER';                             --在程序中赋值
    DBMS_OUTPUT.PUT_LINE(v_job);        --输出变量 v_job 的值
    DBMS_OUTPUT.PUT_LINE(v_count);      --输出变量 v_count 的值
    DBMS_OUTPUT.PUT_LINE(v_date);       --输出变量 v_date 的值
    DBMS_OUTPUT.PUT_LINE(c_tax_rate);   --输出变量 c_tax_rate 的值
END;
```

执行结果：
MANAGER
0
18-4月 -03
8.25
PL/SQL 过程已成功完成。

说明：本训练共定义了 6 个变量，分别用 ":=" 赋值运算符或 DEFAULT 关键字对变量进行了初始化或赋值。其中：c_tax_rate 为常量，在数据类型前加了 "CONSTANT" 关键字；v_valid 变量在赋值运算符前面加了关键字 "NOT NULL"，强制不能为空。如果变量是布尔型，它的值只能是 "TRUE"、"FALSE" 或 "NULL"。本练习中的变量 v_valid 布尔变量的值只能取 "TRUE" 或 "FALSE"。

2．根据表的字段定义变量

变量的声明还可以根据数据库表的字段进行定义或根据已经定义的变量进行定义。方法是在表的字段名或已经定义的变量名后加 %TYPE，将其当作数据类型。定义字段变量的方法如下：

　　　变量名 表名.字段名%TYPE;

【训练 2】 根据表的字段定义变量。

输入并执行以下程序：
```
SET SERVEROUTPUT ON
DECLARE
    v_ename      emp.ename%TYPE;--根据字段定义变量
BEGIN
    SELECT  ename
    INTO    v_ename
    FROM    emp
```

```
    WHERE     empno = 7788;
DBMS_OUTPUT.PUT_LINE(v_ename);              --输出变量的值
END;
```
执行结果：

SCOTT

PL/SQL 过程已成功完成。

说明：变量 v_ename 是根据表 emp 的 ename 字段定义的，两者的数据类型总是一致的。如果我们根据数据库的字段定义了某一变量，后来数据库的字段数据类型又进行了修改，那么程序中的该变量的定义也自动使用新的数据类型。使用该种变量定义方法，变量的数据类型和大小是在编译执行时决定的，这为书写和维护程序提供了很大的便利。

3．结合变量的定义和使用

我们还可以定义 SQL*Plus 环境下使用的变量，称为结合变量。结合变量也可以在程序中使用，该变量是在整个 SQL*Plus 环境下有效的变量，在退出 SQL*Plus 之前始终有效，所以可以使用该变量在不同的程序之间传递信息。结合变量不是由程序定义的，而是使用系统命令 VARIABLE 定义的。在 SQL*Plus 环境下显示该变量要用系统的 PRINT 命令。

在 SQL*Plus 环境下定义结合变量的方法如下：

    VARIABLE   变量名 数据类型

【训练3】 定义并使用结合变量。

步骤1：输入和执行下列命令，定义结合变量 g_ename：

VARIABLE   g_ename VARCHAR2(100)

步骤2：输入和执行下列程序：

```
SET SERVEROUTPUT ON
BEGIN
    :g_ename:=:g_ename|| 'Hello~ ';        --在程序中使用结合变量
    DBMS_OUTPUT.PUT_LINE(:g_ename); --输出结合变量的值
END;
```
输出结果：

Hello~

PL/SQL 过程已成功完成。

步骤3：重新执行程序。

输出结果：

Hello~ Hello~

PL/SQL 过程已成功完成。

步骤4：程序结束后用命令显示结合变量的内容：

    PRINT g_ename

输出结果：

G_ENAME

Hello~ Hello~

说明：g_ename 为结合变量，可以在程序中引用或赋值，引用时在结合变量前面要加上
":"。在程序结束后该变量的值仍然存在，其他程序可以继续引用。

4. 记录变量的定义

还可以根据表或视图的一个记录中的所有字段定义变量，称为记录变量。记录变量包含若干个字段，在结构上同表的一个记录相同，定义方法是在表名后跟%ROWTYPE。记录变量的字段名就是表的字段名，数据类型也一致。

记录变量的定义方法是：

  记录变量名 表名%ROWTYPE;

获得记录变量的字段的方法是：记录变量名.字段名，如 emp_record.ename。

如下练习中定义并使用了记录变量。

【训练 4】 根据表定义记录变量。

输入并执行如下程序：

```
SET SERVEROUTPUT ON
DECLARE
emp_record           emp%ROWTYPE;--定义记录变量
BEGIN
  SELECT * INTO    emp_record
  FROM             emp
  WHERE            mpno = 7788;--取出一条记录
  DBMS_OUTPUT.PUT_LINE(emp_record.ename);      --输出记录变量的某个字段
END;
```

执行结果为：

SCOTT

PL/SQL 过程已成功完成。

说明：在以上的练习中定义了记录变量 emp_record，它是根据表 emp 的全部字段定义的。SELECT 语句将编号为 7788 的雇员的全部字段对应地存入该记录变量，最后输出记录变量的雇员名称字段 emp_record.ename 的内容。如果要获得其他字段的内容，比如要获得编号为 7788 的雇员的工资，可以通过变量 emp_record.sal 获得，依此类推。

5. TABLE 类型变量

在 PL/SQL 中可以定义 TABLE 类型的变量。TABLE 数据类型用来存储可变长度的一维数组数据，即数组中的数据动态地增长。要定义 TABLE 变量，需要先定义 TABLE 数据类型。通过使用下标来引用 TABLE 变量的元素。

TABLE 数据类型的定义形式如下：

TYPE 类型名 IS TABLE OF 数据类型[NOT NULL] INDEX BY BINARY_INTEGER;

此数据类型自动带有 BINARY_INTEGER 型的索引。

【训练5】 定义和使用 TABLE 变量：
```
SET SERVEROUTPUT ON
DECLARE
 TYPE type_table IS TABLE OF VARCHAR2(10) INDEX BY BINARY_INTEGER;  --类型说明
  v_t    type_table;      --定义 TABLE 变量
BEGIN
 v_t(1):='MONDAY';
 v_t(2):='TUESDAY';
 v_t(3):='WEDNESDAY';
 v_t(4):='THURSDAY';
 v_t(5):='FRIDAY';
 DBMS_OUTPUT.PUT_LINE(v_t(3));   --输出变量的内容
END;
```
执行结果为：
WEDNESDAY
PL/SQL 过程已成功完成。

说明：本例定义了长度为 10 的字符型 TABLE 变量，通过赋值语句为前五个元素赋值，最后输出第三个元素。

6.1.5 运算符和函数

PL/SQL 常见的运算符和函数包括以下方面(这里只做简单的总结，可参见 SQL 部分的例子)：

- 算术运算：加(+)、减(-)、乘(*)、除(/)、指数(**)。
- 关系运算：小于(<)、小于等于(<=)、大于(>)、大于等于(>=)、等于(=)、不等于(!=或<>)。
- 字符运算：连接(||)。
- 逻辑运算：与(AND)、或(OR)、非(NOT)。

还有如表 6-3 所示的特殊运算。

表 6-3 特殊运算符

运算符	操 作
IS NULL	用来判断运算对象是否为空，为空则返回 TRUE
LIKE	用来判断字符串是否与模式匹配
BETWEEN…AND…	判断值是否位于一个区间
IN(…)	测试运算对象是否在一组值的列表中

IS NULL 或 IS NOT NULL 用来判断运算对象的值是否为空，不能用 "=" 去判断。另外，对空值的运算也必须注意，对空值的算术和比较运算的结果都是空，但对空值可以进行连接运算，结果是另外一部分的字符串。例如：

NULL+5 的结果为 NULL。
NULL>5 的结果为 NULL。
NULL|| 'ABC' 的结果为'ABC'。

在 PL/SQL 中可以使用绝大部分 Oracle 函数,但是组函数(如 AVG( )、MIN( )、MAX( )等)只能出现在 SQL 语句中,不能在其他语句中使用。还有 GREATEST( )、LEAST( )也不能使用。类型转换在很多情况下是自动的,在不能进行自动类型转换的场合需要使用转换函数。

6.2 结构控制语句

同其他的程序设计语言类似,PL/SQL 语言可以使用多种控制结构完成对程序流程的控制。PL/SQL 语言的控制结构有分支、选择、循环等基本结构。

6.2.1 分支结构

分支结构是最基本的程序结构,分支结构由 IF 语句实现。
使用 IF 语句,根据条件可以改变程序的逻辑流程。IF 语句有如下的形式:

```
IF 条件 1 THEN
语句序列 1;
[ELSIF 条件 2 THEN
语句序列 2;
    ⋮
ELSE
语句序列 n; ]
END IF;
```

其中:
条件部分是一个逻辑表达式,值只能是真(TRUE)、假(FALSE)或空(NULL)。
语句序列为多条可执行的语句。
根据具体情况,分支结构可以有以下几种形式:

IF-THEN-END IF
IF-THEN-ELSE-END IF
IF-THEN-ELSIF-ELSE-END IF

1. IF-THEN-END IF 形式

这是最简单的 IF 结构,练习如下:

【训练 1】 如果温度大于 30℃,则显示"温度偏高"。
输入并执行以下程序:
SET SERVEROUTPUT ON
DECLARE

```
    V_temprature        NUMBER(5):=32;
    V_result            BOOLEAN:=false;
BEGIN
    V_result:= v_temprature >30;
    IF V_result THEN
        DBMS_OUTPUT.PUT_LINE('温度'|| V_temprature ||'度,偏高');
    END IF;
END;
```

执行结果为:

温度 32 度,偏高

PL/SQL 过程已成功完成。

说明:该程序中使用了布尔变量,初值为 false,表示温度低于 30℃。表达式 v_temprature >30 返回值为布尔型,赋给逻辑变量 V_result。如果变量 v_temprature 的值大于 30,则返回值为真,否则为假。V_result 值为真就会执行 IF 到 END IF 之间的输出语句,否则没有输出结果。

试修改温度的初值为 25℃,重新执行,观察结果。

2. IF-THEN-ELSE-END IF 形式

这种形式的练习如下:

【训练 2】 根据性别,显示尊称。

输入并执行以下程序:

```
SET SERVEROUTPUT ON
DECLARE
    v_sex    VARCHAR2(2);
    v_titil  VARCHAR2(10);
BEGIN
    v_sex:='男';
    IF v_sex ='男' THEN
        v_titil:='先生';
    ELSE
        v_titil:='女士';
    END IF;
    DBMS_OUTPUT.PUT_LINE(v_titil||'您好! ');
END;
```

执行结果为:

先生您好!

PL/SQL 过程已成功完成。

说明：该程序根据性别显示尊称和问候，无论性别的值为何，总会有显示结果输出。如果 V_sex 的值不是'男'和'女'，那么输出结果会是什么？

【练习 1】对以上程序进行补充修改，在 ELSE 部分嵌入一个 IF 结构，如果 V_sex 的值不是'女'，则显示"朋友你好"。

3. IF-THEN-ELSIF-ELSE-END IF 形式

这种形式的练习如下：

【训练 3】 根据雇员工资分级显示税金。

输入并运行以下程序：

```
SET SERVEROUTPUT ON
DECLARE
  v_sal   NUMBER(5);
  v_tax   NUMBER(5,2);
BEGIN
  SELECT sal INTO v_sal
  FROM emp
  WHERE empno=7788;
  IF v_sal >=3000 THEN
      V_tax:= v_sal*0.08;--税率 8%
  ELSIF v_sal>=1500 THEN
      V_tax:= v_sal*0.06; --税率 6%
  ELSE
      V_tax:= v_sal*0.04; --税率 4%
  END IF;
  DBMS_OUTPUT.PUT_LINE('应缴税金:'||V_tax);
END;
```

执行结果为：

应缴税金:240

PL/SQL 过程已成功完成。

说明：该程序根据工资计算 7788 号雇员应缴税金，不同工资级别的税率不同。

6.2.2 选择结构

CASE 语句适用于分情况的多分支处理，可有以下三种用法。

1. 基本 CASE 结构

语句的语法如下：

```
CASE 选择变量名
WHEN 表达式 1 THEN
    语句序列 1
```

     WHEN 表达式 2 THEN
          语句序列 2
               ⋮
     WHEN 表达式 n THEN
          语句序列 n
     ELSE
          语句序列 n+1
     END CASE;

在整个结构中,选择变量的值同表达式的值进行顺序匹配,如果相等,则执行相应的语句序列,如果不等,则执行 ELSE 部分的语句序列。

以下是一个使用 CASE 选择结构的练习。

【训练 1】 使用 CASE 结构实现职务转换。

输入并执行程序:
```
SET SERVEROUTPUT ON
DECLARE
v_job   VARCHAR2(10);
BEGIN
SELECT job INTO v_job
FROM emp
WHERE empno=7788;
CASE v_job
WHEN 'PRESIDENT' THEN
 DBMS_OUTPUT.PUT_LINE('雇员职务:总裁');
WHEN 'MANAGER' THEN
 DBMS_OUTPUT.PUT_LINE('雇员职务:经理');
WHEN 'SALESMAN' THEN
 DBMS_OUTPUT.PUT_LINE('雇员职务:推销员');
WHEN 'ANALYST' THEN
 DBMS_OUTPUT.PUT_LINE('雇员职务:系统分析员');
WHEN 'CLERK' THEN
 DBMS_OUTPUT.PUT_LINE('雇员职务:职员');
ELSE
 DBMS_OUTPUT.PUT_LINE('雇员职务:未知');
END CASE;
END;
```
执行结果:
雇员职务:系统分析员
PL/SQL 过程已成功完成。

说明：以上实例检索雇员 7788 的职务，通过 CASE 结构转换成中文输出。

【练习 1】将雇员号修改成其他已知雇员号，重新执行。

2．表达式结构 CASE 语句

在 Oracle 中，CASE 结构还能以赋值表达式的形式出现，它根据选择变量的值求得不同的结果。

它的基本结构如下：

  变量=CASE 选择变量名
  WHEN 表达式 1 THEN 值 1
  WHEN 表达式 2 THEN 值 2
   ⋮
  WHEN 表达式 n THEN 值 n
  ELSE 值 n+1
  END;

【训练 2】 使用 CASE 的表达式结构。

```
SET SERVEROUTPUT ON
DECLARE
  v_grade  VARCHAR2(10);
  v_result VARCHAR2(10);
BEGIN
  v_grade:='B';
  v_result:=CASE v_grade
    WHEN 'A' THEN '优'
    WHEN 'B' THEN '良'
    WHEN 'C' THEN '中'
    WHEN 'D' THEN '差'
  ELSE '未知'
  END;
  DBMS_OUTPUT.PUT_LINE('评价等级:'||V_result);
END;
```

执行结果为：

评价等级:良
PL/SQL 过程已成功完成。

说明：该 CASE 表达式通过判断变量 v_grade 的值，对变量 V_result 赋予不同的值。

3．搜索 CASE 结构

Oracle 还提供了一种搜索 CASE 结构，它没有选择变量，直接判断条件表达式的值，根据条件表达式决定转向。

```
CASE
    WHEN 条件表达式 1 THEN
        语句序列 1
    WHEN 条件表达式 2 THEN
        语句序列 2
        ⋮
    WHEN 条件表达式 n THEN
        语句序列 n
    ELSE
        语句序列 n+1
END CASE;
```

【训练3】 使用 CASE 的搜索结构。

```
SET SERVEROUTPUT ON
DECLARE
    v_sal   NUMBER(5);
BEGIN
    SELECT sal INTO v_sal FROM emp
    WHERE empno=7788;
CASE
    WHEN v_sal>=3000 THEN
    DBMS_OUTPUT.PUT_LINE('工资等级：高');
    WHEN v_sal>=1500 THEN
    DBMS_OUTPUT.PUT_LINE('工资等级：中');
    ELSE
    DBMS_OUTPUT.PUT_LINE('工资等级：低');
END CASE;
END;
```

执行结果为：

工资等级：高

PL/SQL 过程已成功完成。

说明：此结构类似于 IF-THEN-ELSIF-ELSE-END IF 结构。本训练判断 7788 雇员的工资等级。

6.2.3 循环结构

循环结构是最重要的程序控制结构，用来控制反复执行一段程序。比如我们要进行累加，则可以通过适当的循环程序实现。PL/SQL 循环结构可划分为以下 3 种：

- 基本 LOOP 循环。

- FOR LOOP 循环。
- WHILE LOOP 循环。

1. 基本 LOOP 循环

基本循环的结构如下：

```
LOOP            --循环起始标识
   语句 1；
   语句 2；
   ：
   EXIT [WHEN 条件]；
END LOOP；      --循环结束标识
```

该循环的作用是反复执行 LOOP 与 END LOOP 之间的语句。

EXIT 用于在循环过程中退出循环，WHEN 用于定义 EXIT 的退出条件。如果没有 WHEN 条件，遇到 EXIT 语句则无条件退出循环。

以下是基本循环结构练习。

【训练 1】 求：$1^2+3^2+5^2+\cdots+15^2$ 的值。

输入并执行以下程序：

```
SET SERVEROUTPUT ON
DECLARE
   v_total      NUMBER(5):=0;
   v_count      NUMBER(5):=1;
BEGIN
  LOOP
    v_total:=v_total+v_count**2;
    EXIT WHEN v_count=15;--条件退出
    v_count:=v_count+2;
  END LOOP;
  DBMS_OUTPUT.PUT_LINE(v_total);
END;
```

输出结果为：

680

PL/SQL 过程已成功完成。

说明：基本循环一定要使用 EXIT 退出，否则就会成为死循环。

【练习 1】求 1*2*3*4*…*10 的值。

2. FOR LOOP 循环

FOR 循环是固定次数循环，格式如下：

```
FOR 控制变量 in [REVERSE] 下限..上限
LOOP
```

　　　　语句 1;
　　　　语句 2;
　　　　　⋮
　　END LOOP;

循环控制变量是隐含定义的,不需要声明。

下限和上限用于指明循环次数。正常情况下循环控制变量的取值由下限到上限递增,REVERSE 关键字表示循环控制变量的取值由上限到下限递减。

以下是 FOR 循环结构的练习。

【训练 2】　用 FOR 循环输出图形。
```
SET SERVEROUTPUT ON
BEGIN
FOR I IN 1..8
LOOP
    DBMS_OUTPUT.PUT_LINE(to_char(i)||rpad('*',I,'*'));
END LOOP;
END;
```
输出结果为:
1*
2**
3***
4****
5*****
6******
7*******
8********
PL/SQL 过程已成功完成。

说明: 该程序在循环中使用了循环控制变量 I,该变量隐含定义。在每次循环中根据循环控制变量 I 的值,使用 RPAD 函数控制显示相应个数的 "*"。

【练习 2】为以上程序增加 REVERSE 关键字,观察执行结果。

【训练 3】　输出一个空心三角形。
```
BEGIN
FOR I IN 1..9
LOOP
 IF I=1 OR I=9 THEN
   DBMS_OUTPUT.PUT_LINE(to_char(I)||rpad(' ',12-I,' ')||rpad('*',2*i-1,'*'));
 ELSE
   DBMS_OUTPUT.PUT_LINE(to_char(I)||rpad(' ',12-I,' ')||'*'||rpad(' ',I*2-3,' ')||'*');
```

```
 END IF;
END LOOP;
END;
```

输出结果为:

```
1          *
2          * *
3         *   *
4        *     *
5       *       *
6      *         *
7     *           *
8    *             *
9   *****************
```

PL/SQL 过程已成功完成。

说明:该实例采用循环和 IF 结构相结合,对第 1 行和第 9 行(I=1 OR I=9)执行同样的输出语句,其他行执行另外的输出语句。

【练习 3】修改程序,输出一个实心三角形。

3. WHILE LOOP 循环

WHILE 循环是有条件循环,其格式如下:

```
    WHILE 条件
    LOOP
       语句 1;
       语句 2;
         ⋮
    END LOOP;
```

当条件满足时,执行循环体;当条件不满足时,则结束循环。如果第一次判断条件为假,则不执行循环体。

以下是 WHILE 循环结构的练习。

【训练 3】 使用 WHILE 循环向 emp 表连续插入 5 个记录。

步骤 1:执行下面的程序:

```
SET SERVEROUTPUT ON
DECLARE
v_count     NUMBER(2) := 1;
BEGIN
   WHILE v_count <6 LOOP
      INSERT INTO emp(empno, ename)
      VALUES (5000+v_count, '临时');
```

```
    v_count := v_count + 1;
  END LOOP;
  COMMIT;
END;
```
输出结果为：
PL/SQL 过程已成功完成。
步骤 2：显示插入的记录：
`SELECT empno,ename FROM emp WHERE ename='临时';`
输出结果为：

```
     EMPNO ENAME
---------- ----------
      5001 临时
      5002 临时
      5003 临时
      5004 临时
      5005 临时
```

已选择 5 行。
步骤 3：删除插入的记录：
`DELETE FROM emp WHERE ename='临时';`
`COMMIT;`
输出结果为：
已删除 5 行。
提交完成。

说明： 该练习使用 WHILE 循环向 emp 表插入 5 个新记录(雇员编号根据循环变量生成)，并通过查询语句显示新插入的记录，然后删除。

4．多重循环

循环可以嵌套，以下是一个二重循环的练习。

【**训练 4**】 使用二重循环求 1！+2！+…+10！的值。
步骤 1：第 1 种算法：

```
SET SERVEROUTPUT ON
DECLARE
  v_total  NUMBER(8):=0;
  v_ni     NUMBER(8):=0;
  J        NUMBER(5);
BEGIN
  FOR I IN 1..10
  LOOP
    J:=1;
```

```
        v_ni:=1;
          WHILE J<=I
          LOOP
              v_ni:= v_ni*J;
              J:=J+1;
          END LOOP;--内循环求 n!
          v_total:=v_total+v_ni;
      END LOOP;--外循环求总和
      DBMS_OUTPUT.PUT_LINE(v_total);
END;
```
输出结果为：
4037913
PL/SQL 过程已成功完成。

步骤 2：第 2 种算法：

```
SET SERVEROUTPUT ON
DECLARE
    v_total       NUMBER(8):=0;
    v_ni          NUMBER(8):=1;
BEGIN
    FOR I IN 1..10
    LOOP
      v_ni:= v_ni*I;        --求 n!
      v_total:= v_total+v_ni;
      END LOOP;             --循环求总和
      DBMS_OUTPUT.PUT_LINE(v_total);
END;
```
输出结果为：
409114
PL/SQL 过程已成功完成。

说明：第 1 种算法的程序内循环使用 WHILE 循环求阶层，外循环使用 FOR 循环求总和。第 2 种算法是简化的算法，根据是：n!=n*(n−1)!。

6.3 阶 段 训 练

【训练 1】 插入雇员，如果雇员已经存在，则输出提示信息。
```
SET SERVEROUTPUT ON
DECLARE
```

```
    v_empno NUMBER(5):=7788;
    v_num VARCHAR2(10);
    i NUMBER(3):=0;
BEGIN
    SELECT count(*) INTO v_num FROM SCOTT.emp WHERE empno=v_empno;
    IF v_num=1 THEN
    DBMS_OUTPUT.PUT_LINE('雇员'||v_empno||'已经存在！');
    ELSE
    INSERT INTO emp(empno,ename) VALUES(v_empno,'TOM');
    COMMIT;
    DBMS_OUTPUT.PUT_LINE('成功插入新雇员！');
    END IF;
END;
```

说明：在本程序中，使用了一个技巧来判断一个雇员是否存在。如果一个雇员不存在，那么使用 SELECT…INTO 来获取雇员信息就会失败，因为 SELECT…INTO 形式要求查询必须返回一行。但如果使用 COUNT 统计查询，返回满足条件的雇员人数，则该查询总是返回一行，所以任何情况都不会失败。COUNT 返回的统计人数为 0 说明雇员不存在，返回的统计人数为 1 说明雇员存在，返回的统计人数大于 1 说明有多个满足条件的雇员存在。本例在雇员不存在时进行插入操作，如果雇员已经存在则不进行插入。

【训练2】 输出由符号"*"构成的正弦曲线的一个周期(0～360°)。

```
SET SERVEROUTPUT ON SIZE 10000
SET LINESIZE 100
SET PAGESIZE 100
DECLARE
    v_a      NUMBER(8,3);
    v_p      NUMBER(8,3);
BEGIN
    FOR I IN 1..18
    LOOP
        v_a:=I*20*3.14159/180;--生成角度，并转换为弧度
        v_p:=SIN(v_a)*20+25;--求 SIN 函数值，20 为放大倍数，25 为水平位移
        DBMS_OUTPUT.PUT_LINE(to_char(i)||lpad('*',v_p,' '));--输出记录变量的某个字段
    END LOOP;
END;
```
输出结果如下：
```
1                        *
2                            *
3                               *
```

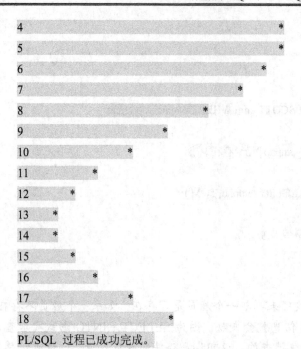

PL/SQL 过程已成功完成。

说明：在本程序中使用到了固定次数的循环以及 SIN 和 LPAD 函数，通过正确地设置步长、幅度和位移的参数，在屏幕上可正确地显示图形。

6.4 练　　习

1. 用来存放可变长度字符串的函数是：
   A. CHAR   B. VARCHAR2
   C. NUMBER   D. BOOLEAN
2. 在程序中必须书写的语句是：
   A. SET SERVEROUTPUT ON   B. DECLARE
   C. BEGIN   D. EXCEPTION
3. 在程序中正确的变量定义语句是：
   A. emp_record emp.ename%ROWTYPE
   B. emp_record emp%ROWTYPE
   C. v_ename   emp%TYPE
   D. v_ename   ename%TYPE
4. 在程序中最有可能发生错误的语句是：
   A. INSERT INTO emp(empno,ename) VALUES(8888,'Jone')
   B. UPDATE emp SET sal=sal+100
   C. DELETE FROM emp
   D. SELECT * FROM emp

5. 关于以下分支结构，如果 i 的初值是 15，环循结束后 j 的值是：

    IF i>20 THEN
      j:= i*2;
    ELSIF i>15 THEN
      j:= i*3;
    ELSE
      j:= i*4;
    END IF;

    A. 15　　　　　B. 30　　　　　C. 45　　　　　D. 60

6. 关于以下循环，如果 I 的初值是 3，则循环的次数是：

    WHILE I<6 LOOP
      I:= I + 1;
    END LOOP;

    A. 3　　　　　B. 4　　　　　C. 5　　　　　D. 6

7. 以下表达式的结果非空的是：

    A. NULL||NULL　　　　　B. 'NULL'||NULL
    C. 3+NULL　　　　　　　D. (5>NULL)

第 7 章 游标和异常处理

游标是数据处理的一种重要方法。游标分为隐式游标和显式游标。隐式游标由某些 SQL 语句隐含定义和使用，显式游标是用户自己定义的，本节主要介绍显式游标的使用。

【本章要点】
- 掌握游标的概念。
- 隐式游标和显式游标。
- Oracle 的异常处理。
- 设计数据库应用程序。

7.1 游标的概念

游标是 SQL 的一个内存工作区，由系统或用户以变量的形式定义。游标的作用就是用于临时存储从数据库中提取的数据块。在某些情况下，需要把数据从存放在磁盘的表中调到计算机内存中进行处理，最后将处理结果显示出来或最终写回数据库。这样数据处理的速度才会提高，否则频繁的磁盘数据交换会降低效率。

游标有两种类型：显式游标和隐式游标。在前述程序中用到的 SELECT...INTO...查询语句，一次只能从数据库中提取一行数据，对于这种形式的查询和 DML 操作，系统都会使用一个隐式游标。但是如果要提取多行数据，就要由程序员定义一个显式游标，并通过与游标有关的语句进行处理。显式游标对应一个返回结果为多行多列的 SELECT 语句。

游标一旦打开，数据就从数据库中传送到游标变量中，然后应用程序再从游标变量中分解出需要的数据，并进行处理。

7.2 隐式游标

如前所述，DML 操作和单行 SELECT 语句会使用隐式游标，它们是：
- 插入操作：INSERT。
- 更新操作：UPDATE。
- 删除操作：DELETE。
- 单行查询操作：SELECT … INTO …。

当系统使用一个隐式游标时，可以通过隐式游标的属性来了解操作的状态和结果，进而控制程序的流程。隐式游标可以使用名字 SQL 来访问,但要注意,通过 SQL 游标名总是只能访问前一个 DML 操作或单行 SELECT 操作的游标属性。所以通常在刚刚执行完操作之后,立即使用 SQL 游标名来访问属性。游标的属性有四种,如表 7-1 所示。

表 7-1 隐式游标属性

隐式游标的属性	返回值类型	意　义
SQL%ROWCOUNT	整型	代表 DML 语句成功执行的数据行数
SQL%FOUND	布尔型	值为 TRUE 代表插入、删除、更新或单行查询操作成功
SQL%NOTFOUND	布尔型	与 SQL%FOUND 属性返回值相反
SQL%ISOPEN	布尔型	DML 执行过程中为真,结束后为假

在没有执行 DML 操作之前,上述属性的值都是 NULL。可以在执行结束后判断执行结果。

【训练 1】 使用隐式游标的属性,判断对雇员工资的修改是否成功。

步骤 1:输入和运行以下程序:
```
SET SERVEROUTPUT ON
BEGIN
  UPDATE emp SET sal=sal+100 WHERE empno=1234;
  IF SQL%FOUND THEN
   DBMS_OUTPUT.PUT_LINE('成功修改雇员工资!');
   COMMIT;
  ELSE
   DBMS_OUTPUT.PUT_LINE('修改雇员工资失败!');
  END IF;
END;
```
运行结果为:
修改雇员工资失败!
PL/SQL 过程已成功完成。

步骤 2:将雇员编号 1234 改为 7788,重新执行以上程序:
运行结果为:
成功修改雇员工资!
PL/SQL 过程已成功完成。

说明:本例中,通过 SQL%FOUND 属性判断修改是否成功,并给出相应信息。

7.3 显式游标

显式游标是由用户自己定义和操作的游标,通常所说的游标都是指显式游标。游标的使用需要先进行定义，并按照一定的操作步骤进行操作。显式游标是可以被用户操控的一种灵活的方式，它的使用更为广泛。

7.3.1 游标的定义和操作

游标的使用分成以下 4 个步骤。

1．声明游标

在 DECLEAR 部分按以下格式声明游标：

  CURSOR 游标名[(参数 1 数据类型[，参数 2 数据类型…])]
   IS SELECT 语句;

参数是可选部分，所定义的参数可以出现在 SELECT 语句的 WHERE 子句中。如果定义了参数，则必须在打开游标时传递相应的实际参数。

SELECT 语句是对表或视图的查询语句，甚至也可以是联合查询。可以带 WHERE 条件、ORDER BY 或 GROUP BY 等子句，但不能使用 INTO 子句。在 SELECT 语句中可以使用在定义游标之前定义的变量。

2．打开游标

在可执行部分，按以下格式打开游标：

  OPEN 游标名[(实际参数 1[，实际参数 2…])];

打开游标时，SELECT语句的查询结果就被传送到了游标工作区。

3．提取数据

在可执行部分，按以下格式将游标工作区中的数据取到变量中。提取操作必须在打开游标之后进行。

  FETCH 游标名 INTO 变量名 1[，变量名 2…];

或

  FETCH 游标名 INTO 记录变量;

游标打开后有一个指针指向数据区，FETCH 语句一次返回指针所指的一行数据，要返回多行需重复执行，可以使用循环语句来实现。控制循环可以通过判断游标的属性来进行。

下面对这两种格式进行说明：

第一种格式中的变量名是用来从游标中接收数据的变量，需要事先定义。变量的个数和类型应与 SELECT 语句中的字段变量的个数和类型一致。

第二种格式一次将一行数据取到记录变量中，需要使用%ROWTYPE 事先定义记录变量，这种形式使用起来比较方便，不必分别定义和使用多个变量。

定义记录变量的方法如下：

  变量名 表名|游标名%ROWTYPE;

其中的表必须存在，游标名也必须先定义。

4．关闭游标

  CLOSE 游标名;

显式游标打开后，必须显式地关闭。游标一旦关闭，游标占用的资源就被释放，游标变成无效，必须重新打开才能使用。

以下是使用显式游标的一个简单练习。

【训练 1】 用游标提取 emp 表中 7788 雇员的名称和职务。
```
SET SERVEROUTPUT ON
DECLARE
  v_ename VARCHAR2(10);
  v_job VARCHAR2(10);
  CURSOR emp_cursor IS
  SELECT ename,job FROM emp WHERE empno=7788;
BEGIN
  OPEN emp_cursor;
  FETCH emp_cursor INTO v_ename,v_job;
  DBMS_OUTPUT.PUT_LINE(v_ename||','||v_job);
  CLOSE emp_cursor;
END;
```
执行结果为:
SCOTT,ANALYST
PL/SQL 过程已成功完成。

说明：该程序通过定义游标 emp_cursor，提取并显示雇员 7788 的名称和职务。
作为对以上例子的改进，在以下训练中采用了记录变量。

【训练 2】 用游标提取 emp 表中 7788 雇员的姓名、职务和工资。
```
SET SERVEROUTPUT ON
DECLARE
  CURSOR emp_cursor IS   SELECT ename,job,sal FROM emp WHERE empno=7788;
  emp_record emp_cursor%ROWTYPE;
BEGIN
  OPEN emp_cursor;
  FETCH emp_cursor INTO emp_record;
  DBMS_OUTPUT.PUT_LINE(emp_record.ename||','|| emp_record.job||','|| emp_record.sal);
  CLOSE emp_cursor;
END;
```
执行结果为:
SCOTT,ANALYST,3000
PL/SQL 过程已成功完成。

说明：实例中使用记录变量来接收数据，记录变量由游标变量定义，需要出现在游标定义之后。

注意：可通过以下形式获得记录变量的内容:
记录变量名.字段名。

【训练 3】 显示工资最高的前 3 名雇员的名称和工资。
```
SET SERVEROUTPUT ON
DECLARE
  V_ename VARCHAR2(10);
  V_sal NUMBER(5);
  CURSOR emp_cursor IS   SELECT ename,sal FROM emp ORDER BY sal DESC;
BEGIN
  OPEN emp_cursor;
  FOR I IN 1..3 LOOP
    FETCH emp_cursor INTO v_ename,v_sal;
    DBMS_OUTPUT.PUT_LINE(v_ename||','||v_sal);
  END LOOP;
  CLOSE emp_cursor;
END;
```
执行结果为:
KING,5000
SCOTT,3000
FORD,3000
PL/SQL 过程已成功完成。

说明：该程序在游标定义中使用了 ORDER BY 子句进行排序，并使用循环语句来提取多行数据。

7.3.2 游标循环

可以使用游标的一个特殊的 FOR 循环格式来处理游标中全部的数据行。该循环隐含了 OPEN、FETCH 和 CLOSE 过程，并且隐含定义了一个同游标一致的记录变量，用于接收游标的数据。该特殊形式简化了程序设计。以下的练习使用了隐含的游标循环。

【训练 1】 使用特殊的 FOR 循环形式显示全部雇员的编号和名称。
```
SET SERVEROUTPUT ON
DECLARE
  CURSOR emp_cursor IS
  SELECT empno, ename FROM emp;
BEGIN
FOR Emp_record IN emp_cursor LOOP
    DBMS_OUTPUT.PUT_LINE(Emp_record.empno|| Emp_record.ename);
END LOOP;
END;
```
执行结果为:

7369SMITH
7499ALLEN
7521WARD
7566JONES
⋮
PL/SQL 过程已成功完成。

说明：可以看到该循环形式非常简单，隐含了记录变量的定义、游标的打开、提取和关闭过程。Emp_record 为隐含定义的记录变量，循环的执行次数与游标取得的数据的行数相一致。

【训练 2】 另一种形式的游标循环。
SET SERVEROUTPUT ON
BEGIN
　FOR re IN (SELECT ename FROM EMP) LOOP
　　DBMS_OUTPUT.PUT_LINE(re.ename)
　END LOOP;
END;
执行结果为：
SMITH
ALLEN
WARD
JONES
⋮

说明：该种形式更为简单，省略了游标的定义，游标的 SELECT 查询语句在循环中直接出现。

7.3.3 显式游标属性

虽然可以使用前面的形式获得游标数据，但是在游标定义以后使用它的一些属性来进行结构控制是一种更为灵活的方法。显式游标的属性如表 7-2 所示。

表 7-2 显式游标属性

游标的属性	返回值类型	意　　义
%ROWCOUNT	整型	获得 FETCH 语句返回的数据行数
%FOUND	布尔型	最近的 FETCH 语句返回一行数据则为真，否则为假
%NOTFOUND	布尔型	与%FOUND 属性返回值相反
%ISOPEN	布尔型	游标已经打开时值为真，否则为假

可按照以下形式取得游标的属性：
　游标名%属性

要判断游标 emp_cursor 是否处于打开状态,可以使用属性 emp_cursor%ISOPEN。如果游标已经打开,则返回值为"真",否则为"假"。具体可参照以下的训练。

【训练1】 使用游标的属性练习。

```
SET SERVEROUTPUT ON
DECLARE
  V_ename VARCHAR2(10);
  CURSOR emp_cursor IS
  SELECT ename FROM emp;
BEGIN
 OPEN emp_cursor;
 IF emp_cursor%ISOPEN THEN
  LOOP
    FETCH emp_cursor INTO v_ename;
    EXIT WHEN emp_cursor%NOTFOUND;
    DBMS_OUTPUT.PUT_LINE(to_char(emp_cursor%ROWCOUNT)||'-'||v_ename);
   END LOOP;
  ELSE
    DBMS_OUTPUT.PUT_LINE('用户信息:游标没有打开!');
  END IF;
  CLOSE  emp_cursor;
END;
```

执行结果为:

1-SMITH

2-ALLEN

3-WARD

 :

PL/SQL 过程已成功完成。

说明:本例使用 emp_cursor%ISOPEN 判断游标是否打开;使用 emp_cursor%ROWCOUNT 获得到目前为止 FETCH 语句返回的数据行数并输出;使用循环来获取数据,在循环体中使用 FETCH 语句;使用 emp_cursor%NOTFOUND 判断 FETCH 语句是否成功执行,当 FETCH 语句失败时说明数据已经取完,退出循环。

【练习1】去掉 OPEN emp_cursor;语句,重新执行以上程序。

7.3.4 游标参数的传递

可以为游标定义参数,通过在多次打开游标时传递不同的参数,就可以查询到不同的内容。以下是带参数游标的练习。参数在游标名后面的括号中定义,参数定义时也要说明数据类型。参数一般应该在游标的查询语句条件中使用。在游标打开时,通过参数传递具体的值。

【训练1】 带参数的游标。
```
SET SERVEROUTPUT ON
DECLARE
    V_empno NUMBER(5);
    V_ename VARCHAR2(10);
    CURSOR    emp_cursor(p_deptno NUMBER, p_job VARCHAR2) IS
    SELECT    empno, ename FROM emp
    WHERE     deptno = p_deptno AND job = p_job;
BEGIN
  OPEN emp_cursor(10, 'CLERK');
  LOOP
    FETCH emp_cursor INTO v_empno,v_ename;
    EXIT WHEN emp_cursor%NOTFOUND;
    DBMS_OUTPUT.PUT_LINE(v_empno||','||v_ename);
  END LOOP;
END;
```
执行结果为:
7934,MILLER
PL/SQL 过程已成功完成。

说明: 游标 emp_cursor 定义了两个参数: p_deptno 代表部门编号, p_job 代表职务。语句 OPEN emp_cursor(10, 'CLERK')传递了两个参数值给游标, 即部门为 10、职务为 CLERK, 所以游标查询的内容是部门 10 的职务为 CLERK 的雇员。循环部分用于显示查询的内容。

【练习1】修改 Open 语句的参数: 部门号为 20、职务为 ANALYST, 并重新执行。

也可以通过变量向游标传递参数, 但变量需要先于游标定义, 并在游标打开之前赋值。对以上例子重新改动如下:

【训练2】 通过变量传递参数给游标。
```
SET SERVEROUTPUT ON
DECLARE
    v_empno NUMBER(5);
    v_ename VARCHAR2(10);
    v_deptno NUMBER(5);
    v_job VARCHAR2(10);
    CURSOR emp_cursor IS
    SELECT empno, ename FROM emp
    WHERE    deptno = v_deptno AND job = v_job;
BEGIN
```

```
   v_deptno:=10;
   v_job:='CLERK';
   OPEN emp_cursor;
   LOOP
     FETCH emp_cursor INTO v_empno,v_ename;
     EXIT WHEN emp_cursor%NOTFOUND;
     DBMS_OUTPUT.PUT_LINE(v_empno||','||v_ename);
   END LOOP;
END;
```
执行结果为：
7934,MILLER
PL/SQL 过程已成功完成。

说明：该程序与前一程序实现相同的功能。

7.3.5 动态 SELECT 语句和动态游标的用法

Oracle 支持动态 SELECT 语句和动态游标，动态的方法大大扩展了程序设计的能力。

对于查询结果为一行的 SELECT 语句，可以用动态生成查询语句字符串的方法，在程序执行阶段临时地生成并执行，语法是：

  execute immediate 查询语句字符串 into 变量1[,变量2…];

以下是一个动态生成 SELECT 语句的例子。

【训练 1】 动态 SELECT 查询。
```
SET SERVEROUTPUT ON
DECLARE
str varchar2(100);
v_ename varchar2(10);
begin
str:='select ename from scott.emp where empno=7788';
execute immediate str into v_ename;
dbms_output.put_line(v_ename);
END;
```
执行结果为：
SCOTT
PL/SQL 过程已成功完成。

说明：SELECT…INTO…语句存放在 STR 字符串中，通过 EXECUTE 语句执行。

在变量声明部分定义的游标是静态的，不能在程序运行过程中修改。虽然可以通过参数传递来取得不同的数据，但还是有很大的局限性。通过采用动态游标，可以在程序运行阶段随时生成一个查询语句作为游标。要使用动态游标需要先定义一个游标类型，然后声明一个游标变量,游标对应的查询语句可以在程序的执行过程中动态地说明。

定义游标类型的语句如下:

  TYPE 游标类型名 REF CURSOR;

声明游标变量的语句如下:

  游标变量名 游标类型名;

在可执行部分可以如下形式打开一个动态游标:

  OPEN 游标变量名 FOR 查询语句字符串;

【训练 2】 按名字中包含的字母顺序分组显示雇员信息。

输入并运行以下程序:

```
declare
  type cur_type is ref cursor;
  cur cur_type;
  rec scott.emp%rowtype;
  str varchar2(50);
  letter char:= 'A';
begin
  loop
    str:= 'select ename from emp where ename like ''%'||letter||'%''';
    open cur for str;
    dbms_output.put_line('包含字母'||letter||'的名字: ');
    loop
      fetch cur into rec.ename;
      exit when cur%notfound;
      dbms_output.put_line(rec.ename);
    end loop;
    exit when letter='Z';
    letter:=chr(ascii(letter)+1);
  end loop;
end;
```

运行结果为:

包含字母 A 的名字:

ALLEN

WARD

MARTIN

BLAKE

CLARK

ADAMS

JAMES

包含字母 B 的名字：
BLAKE
包含字母 C 的名字：
CLARK
SCOTT
⋮

说明： 使用了二重循环，在外循环体中，动态生成游标的 SELECT 语句，然后打开。通过语句 letter:=chr(ascii(letter)+1)可获得字母表中的下一个字母。

7.4 异常处理

由于种种原因，程序在运行时会发生错误，这时系统会显示错误信息，并异常终止程序的运行。一个完善的程序应能预见可能发生并需要处理的错误，并编写处理代码，而不应该异常终止。

异常是 Oracle 系统程序执行过程中的一种特殊状态，是由于程序发生错误或用户有目的地故意引发的。每一种异常都有一个惟一的错误代码。对于这些错误，可以在程序中捕捉，然后由程序的错误处理部分的代码进行处理，这样就可以按照程序员的意愿进行处理并显示自己定义的提示信息了。

比如，在程序中，我们使用 SELECT...INTO...语句按编号查询某雇员的姓名和职务，如果雇员编号不存在，就会引发异常，如果程序中没有该错误的处理部分，将显示如下的系统错误信息：

ERROR 位于第 1 行：
ORA-01403：未找到数据
ORA-06512：在 line 4

程序的 EXCEPTION 部分就是用来编写处理过程代码的，如果该部分存在，那么发生错误时就会转到该部分执行。处理部分首先判断发生异常的种类，然后选择执行相应的处理代码，应该为每一种需要处理的异常编写错误处理代码。如果执行了异常处理，系统的错误信息就不会显示，错误的状态也会被恢复。

7.4.1 错误处理

错误处理部分位于程序的可执行部分之后，是由 WHEN 语句引导的多个分支构成的。错误处理的语法如下：

```
EXCEPTION
    WHEN  错误 1[OR  错误 2] THEN
        语句序列 1；
    WHEN  错误 3[OR  错误 4] THEN
        语句序列 2；
```

　　　　　　　　⋮
　　　　　WHEN OTHERS
　　　　　　语句序列 n;
　　　END;
其中：
　　错误是在标准包中由系统预定义的标准错误，或是由用户在程序的说明部分自定义的错误，参见下一节系统预定义的错误类型。
　　语句序列就是不同分支的错误处理部分。
　　凡是出现在 WHEN 后面的错误都是可以捕捉到的错误，其他未被捕捉到的错误，将在 WHEN OTHERS 部分进行统一处理，OTHENS 必须是 EXCEPTION 部分的最后一个错误处理分支。如要在该分支中进一步判断错误种类，可以通过使用预定义函数 SQLCODE( )和 SQLERRM( )来获得系统错误号和错误信息。
　　如果在程序的子块中发生了错误，但子块没有错误处理部分，则错误会传递到主程序中。
　　下面是由于查询编号错误而引起系统预定义异常的例子。

【训练 1】 查询编号为 1234 的雇员名字。

```
SET SERVEROUTPUT ON
DECLARE
v_name VARCHAR2(10);
BEGIN
    SELECT     ename
    INTO       v_name
    FROM       emp
    WHERE      empno = 1234;
    DBMS_OUTPUT.PUT_LINE('该雇员名字为：'|| v_name);
EXCEPTION
    WHEN NO_DATA_FOUND THEN
       DBMS_OUTPUT.PUT_LINE('编号错误，没有找到相应雇员！');
    WHEN OTHERS THEN
       DBMS_OUTPUT.PUT_LINE('发生其他错误！');
END;
```

执行结果为：
编号错误，没有找到相应雇员！
PL/SQL 过程已成功完成。

说明：在以上查询中，因为编号为 1234 的雇员不存在，所以将发生类型为 "NO_DATA_FOUND" 的异常。"NO_DATA_FOUND" 是系统预定义的错误类型，EXCEPTION 部分下的 WHEN 语句将捕捉到该异常，并执行相应代码部分。在本例中，输出用户自定义的错误信息 "编号错误，没有找到相应雇员！"。如果发生其他类型的错误，将执行 OTHERS 条件下的代码部分，显示 "发生其他错误！"。

【训练2】 由程序代码显示系统错误。

```
SET SERVEROUTPUT ON
DECLARE
v_temp NUMBER(5):=1;
BEGIN
v_temp:=v_temp/0;
EXCEPTION
   WHEN OTHERS THEN
     DBMS_OUTPUT.PUT_LINE('发生系统错误！');
     DBMS_OUTPUT.PUT_LINE('错误代码：'|| SQLCODE( ));
     DBMS_OUTPUT.PUT_LINE('错误信息：'||SQLERRM( ));
END;
```

执行结果为：
发生系统错误！
错误代码：-1476
错误信息：ORA-01476: 除数为 0
PL/SQL 过程已成功完成。

说明：程序运行中发生除零错误，由 WHEN OTHERS 捕捉到，执行用户自己的输出语句显示错误信息，然后正常结束。在错误处理部分使用了预定义函数 SQLCODE( )和 SQLERRM( )来进一步获得错误的代码和种类信息。

7.4.2 预定义错误

Oracle 的系统错误很多，但只有一部分常见错误在标准包中予以定义。定义的错误可以在 EXCEPTION 部分通过标准的错误名来进行判断，并进行异常处理。常见的系统预定义异常如表 7-3 所示。

表 7-3 系统预定义异常

错误名称	错误代码	错误含义
CURSOR_ALREADY_OPEN	ORA_06511	试图打开已经打开的游标
INVALID_CURSOR	ORA_01001	试图使用没有打开的游标
DUP_VAL_ON_INDEX	ORA_00001	保存重复值到惟一索引约束的列中
ZERO_DIVIDE	ORA_01476	发生除数为零的除法错误
INVALID_NUMBER	ORA_01722	试图对无效字符进行数值转换
ROWTYPE_MISMATCH	ORA_06504	主变量和游标的类型不兼容
VALUE_ERROR	ORA_06502	转换、截断或算术运算发生错误
TOO_MANY_ROWS	ORA_01422	SELECT…INTO…语句返回多于一行的数据
NO_DATA_FOUND	ORA_01403	SELECT…INTO…语句没有数据返回
TIMEOUT_ON_RESOURCE	ORA_00051	等待资源时发生超时错误
TRANSACTION_BACKED_OUT	ORA_00060	由于死锁，提交失败
STORAGE_ERROR	ORA_06500	发生内存错误
PROGRAM_ERROR	ORA_06501	发生 PL/SQL 内部错误
NOT_LOGGED_ON	ORA_01012	试图操作未连接的数据库
LOGIN_DENIED	ORA_01017	在连接时提供了无效用户名或口令

比如，如果程序向表的主键列插入重复值，则将发生 DUP_VAL_ON_INDEX 错误。

如果一个系统错误没有在标准包中定义，则需要在说明部分定义，语法如下：

  错误名 EXCEPTION;

定义后使用 PRAGMA EXCEPTION_INIT 来将一个定义的错误同一个特别的 Oracle 错误代码相关联，就可以同系统预定义的错误一样使用了。语法如下：

PRAGMA EXCEPTION_INIT(错误名，- 错误代码);

【训练 1】 定义新的系统错误类型。

```
SET SERVEROUTPUT ON
DECLARE
V_ENAME VARCHAR2(10);
NULL_INSERT_ERROR EXCEPTION;
PRAGMA EXCEPTION_INIT(NULL_INSERT_ERROR,-1400);
BEGIN
INSERT INTO EMP(EMPNO) VALUES(NULL);
EXCEPTION
   WHEN NULL_INSERT_ERROR THEN
     DBMS_OUTPUT.PUT_LINE('无法插入 NULL 值！');
   WHEN OTHERS  THEN
     DBMS_OUTPUT.PUT_LINE('发生其他系统错误！');
END;
```

执行结果为：

无法插入 NULL 值！

PL/SQL 过程已成功完成。

说明：NULL_INSERT_ERROR 是自定义异常，同系统错误 1400 相关联。

7.4.3 自定义异常

程序设计者可以利用引发异常的机制来进行程序设计，自己定义异常类型。可以在声明部分定义新的异常类型，定义的语法是：

  错误名 EXCEPTION;

用户定义的错误不能由系统来触发，必须由程序显式地触发，触发的语法是：

  RAISE 错误名;

RAISE 也可以用来引发模拟系统错误，比如，RAISE ZERO_DIVIDE 将引发模拟的除零错误。

使用 RAISE_APPLICATION_ERROR 函数也可以引发异常。该函数要传递两个参数，第一个是用户自定义的错误编号，第二个参数是用户自定义的错误信息。使用该函数引发的异常的编号应该在 20 000 和 20 999 之间选择。

自定义异常处理错误的方式同前。

【训练1】 插入新雇员,限定插入雇员的编号在7000~8000之间。
```
SET SERVEROUTPUT ON
DECLARE
new_no NUMBER(10);
new_excp1 EXCEPTION;
new_excp2 EXCEPTION;
BEGIN
  new_no:=6789;
INSERT INTO   emp(empno,ename)
  VALUES(new_no,'小郑');
  IF new_no<7000 THEN
    RAISE new_excp1;
  END IF;
  IF new_no>8000 THEN
    RAISE new_excp2;
  END IF;
  COMMIT;
EXCEPTION
  WHEN new_excp1   THEN
    ROLLBACK;
    DBMS_OUTPUT.PUT_LINE('雇员编号小于7000的下限!');
  WHEN new_excp2   THEN
    ROLLBACK;
    DBMS_OUTPUT.PUT_LINE('雇员编号超过8000的上限!');
END;
```
执行结果为:

雇员编号小于7000的下限!

PL/SQL 过程已成功完成。

说明:在此例中,自定义了两个异常: new_excp1 和 new_excp2,分别代表编号小于7000和编号大于8000的错误。在程序中通过判断编号大小,产生对应的异常,并在异常处理部分回退插入操作,然后显示相应的错误信息。

【训练2】 使用 RAISE_APPLICATION_ERROR 函数引发系统异常。
```
SET SERVEROUTPUT ON
DECLARE
New_no NUMBER(10);
BEGIN
  New_no:=6789;
```

```
    INSERT INTO emp(empno,ename)
     VALUES(new_no, 'JAMES');
    IF new_no<7000 THEN
       ROLLBACK;
       RAISE_APPLICATION_ERROR(-20001,'编号小于 7000 的下限！');
    END IF;
    IF new_no>8000 THEN
       ROLLBACK;
       RAISE_APPLICATION_ERROR (-20002,'编号大于 8000 的下限！');
    END IF;
END;
```
执行结果为：
```
DECLARE
*
ERROR 位于第 1 行:
ORA-20001: 编号小于 7000 的下限！
ORA-06512: 在 line 9
```

说明：在本训练中，使用 RAISE_APPLICATION_ERROR 引发自定义异常，并以系统错误的方式进行显示。错误编号为 20001 和 20002。

注意：同上一个训练比较，此种方法不需要事先定义异常，可直接引发。

可以参考下面的程序片断将出错信息记录到表中，其中，errors 为记录错误信息的表，SQLCODE 为发生异常的错误编号，SQLERRM 为发生异常的错误信息。

```
DECLARE
   v_error_code        NUMBER;
   v_error_message     VARCHAR2(255);
BEGIN
...
EXCEPTION
...
   WHEN OTHERS THEN
     v_error_code := SQLCODE ;
     v_error_message := SQLERRM ;
     INSERT INTO errors
     VALUES(v_error_code, v_error_message);
END;
```

【练习1】修改雇员的工资，通过引发异常控制修改范围在 600～6000 之间。

7.5 阶段训练

通过以下一些数据库应用程序的设计，我们来进一步学习使用游标进行数据处理的技巧。

【训练1】 将雇员从一个表复制到另一个表。

步骤1：创建一个结构同 EMP 表一样的新表 EMP1：

```
CREATE TABLE emp1 AS SELECT * FROM SCOTT.EMP WHERE 1=2;
```

步骤2：通过指定雇员编号，将雇员由 EMP 表移动到 EMP1 表：

```
SET SERVEROUTPUT ON
DECLARE
v_empno NUMBER(5):=7788;
emp_rec emp%ROWTYPE;
BEGIN
 SELECT * INTO emp_rec FROM emp WHERE empno=v_empno;
 DELETE FROM emp WHERE empno=v_empno;
 INSERT INTO emp1 VALUES emp_rec;
 IF SQL%FOUND THEN
   COMMIT;
   DBMS_OUTPUT.PUT_LINE('雇员复制成功！');
 ELSE
   ROLLBACK;
   DBMS_OUTPUT.PUT_LINE('雇员复制失败！');
 END IF;
END;
```

执行结果为：

雇员复制成功！
PL/SQL 过程已成功完成。

步骤2：显示复制结果：

```
SELECT empno,ename,job FROM emp1;
```

执行结果为：

```
   EMPNO ENAME      JOB
--------- ---------- ---------
    7788 SCOTT      ANALYST
```

说明：emp_rec 变量是根据 emp 表定义的记录变量，SELECT…INTO…语句将整个记录传给该变量。INSERT 语句将整个记录变量插入 emp1 表，如果插入成功(SQL%FOUND 为真)，则提交事务，否则回滚撤销事务。试修改雇员编号为 7902，重新执行以上程序。

【训练 2】 输出雇员工资，雇员工资用不同高度的*表示。

输入并执行以下程序：

```
SET SERVEROUTPUT ON
BEGIN
 FOR re IN (SELECT ename,sal FROM EMP)   LOOP
   DBMS_OUTPUT.PUT_LINE(rpad(re.ename,12,' ')||rpad('*',re.sal/100,'*'));
 END LOOP;
END;
```

输出结果为：

```
SMITH        ********
ALLEN        ****************
WARD         *************
JONES        ***************************
MARTIN       *************
BLAKE        ****************************
CLARK        **************************
SCOTT        ***************************
KING         **************************************************
TURNER       ***************
ADAMS        ***********
JAMES        **********
FORD         ***************************
MILLER       *************
```

执行结果为：

PL/SQL 过程已成功完成。

说明： 第一个 rpad 函数产生对齐效果，第二个 rpad 函数根据工资额产生不同数目的*。该程序采用了隐式的简略游标循环形式。

【训练 3】 编写程序，格式化输出部门信息。

输入并执行如下程序：

```
SET SERVEROUTPUT ON
DECLARE
 v_count number:=0;
 CURSOR dept_cursor IS SELECT * FROM dept;
BEGIN
 DBMS_OUTPUT.PUT_LINE('部门列表');
 DBMS_OUTPUT.PUT_LINE('-------------------------------');
 FOR Dept_record IN dept_cursor LOOP
```

```
       DBMS_OUTPUT.PUT_LINE('部门编号：'|| Dept_record.deptno);
       DBMS_OUTPUT.PUT_LINE('部门名称：'|| Dept_record.dname);
       DBMS_OUTPUT.PUT_LINE('所在城市：'|| Dept_record.loc);
       DBMS_OUTPUT.PUT_LINE('--------------------------------');
   v_count:= v_count+1;
   END LOOP;
   DBMS_OUTPUT.PUT_LINE('共有'||to_char(v_count)||'个部门！ ');
END;
```
输出结果为：
部门列表

部门编号：10
部门名称：ACCOUNTING
所在城市：NEW YORK

部门编号：20
部门名称：RESEARCH
所在城市：DALLAS
…
共有 4 个部门！
PL/SQL 过程已成功完成。

说明：该程序中将字段内容垂直排列。V_count 变量记录循环次数，即部门个数。

【训练 4】 已知每个部门有一个经理，编写程序，统计输出部门名称、部门总人数、总工资和部门经理。

输入并执行如下程序：
```
SET SERVEROUTPUT ON
DECLARE
 v_deptno number(8);
 v_count number(3);
 v_sumsal number(6);
 v_dname    varchar2(15);
 v_manager   varchar2(15);
 CURSOR list_cursor IS
    SELECT deptno,count(*),sum(sal) FROM emp group by deptno;
BEGIN
  OPEN list_cursor;
  DBMS_OUTPUT.PUT_LINE('---------- 部 门 统 计 表 ----------');
  DBMS_OUTPUT.PUT_LINE('部门名称     总人数  总工资   部门经理');
```

```
    FETCH list_cursor INTO v_deptno,v_count,v_sumsal;
    WHILE list_cursor%found LOOP
      SELECT dname INTO v_dname FROM dept
        WHERE deptno=v_deptno;
      SELECT ename INTO v_manager FROM emp
        WHERE deptno=v_deptno and job='MANAGER';
      DBMS_OUTPUT.PUT_LINE(rpad(v_dname,13)||rpad(to_char(v_count),8)
        ||rpad(to_char(v_sumsal),9)||v_manager);
      FETCH list_cursor INTO v_deptno,v_count,v_sumsal;
    END LOOP;
    DBMS_OUTPUT.PUT_LINE('--------------------------------------');
    CLOSE list_cursor;
END;
```

输出结果为：

```
------------------- 部 门 统 计 表 -----------------
部门名称        总人数    总工资     部门经理
ACCOUNTING     3        8750      CLARK
RESEARCH       5        10875     JONES
SALES          6        9400      BLAKE
--------------------------------------------------
```

PL/SQL 过程已成功完成。

说明：游标中使用到了起分组功能的 SELECT 语句，统计出各部门的总人数和总工资。再根据部门编号和职务找到部门的经理。该程序假定每个部门有一个经理。

【训练 5】 为雇员增加工资，从工资低的雇员开始，为每个人增加原工资的 10%，限定所增加的工资总额为 800 元，显示增加工资的人数和余额。

输入并调试以下程序：
```
SET SERVEROUTPUT ON
DECLARE
  V_NAME CHAR(10);
  V_EMPNO NUMBER(5);
  V_SAL NUMBER(8);
  V_SAL1 NUMBER(8);
  V_TOTAL NUMBER(8) := 800;      --增加工资的总额
  V_NUM NUMBER(5):=0;             --增加工资的人数
  CURSOR emp_cursor IS
    SELECT EMPNO,ENAME,SAL FROM EMP ORDER BY SAL ASC;
BEGIN
  OPEN emp_cursor;
```

```
    DBMS_OUTPUT.PUT_LINE('姓名         原工资    新工资');
     DBMS_OUTPUT.PUT_LINE('---------------------------');
    LOOP
       FETCH emp_cursor INTO V_EMPNO,V_NAME,V_SAL;
       EXIT WHEN emp_cursor%NOTFOUND;
       V_SAL1:= V_SAL*0.1;
       IF V_TOTAL>V_SAL1 THEN
         V_TOTAL := V_TOTAL - V_SAL1;
         V_NUM:=V_NUM+1;
          DBMS_OUTPUT.PUT_LINE(V_NAME||TO_CHAR(V_SAL,'99999')||
TO_CHAR(V_SAL+V_SAL1,'99999'));
         UPDATE EMP SET SAL=SAL+V_SAL1
         WHERE EMPNO=V_EMPNO;
       ELSE
         DBMS_OUTPUT.PUT_LINE(V_NAME||TO_CHAR(V_SAL,'99999')||TO_CHAR(V_SAL,'99999'));
       END IF;
    END LOOP;
    DBMS_OUTPUT.PUT_LINE('---------------------------');
    DBMS_OUTPUT.PUT_LINE('增加工资人数:'||V_NUM||' 剩余工资：'||V_TOTAL);
    CLOSE emp_cursor;
    COMMIT;
    END;
```

输出结果为：

姓名	原工资	新工资
SMITH	1289	1418
JAMES	1531	1684
MARTIN	1664	1830
MILLER	1730	1903
ALLEN	1760	1936
ADAMS	1771	1771
TURNER	1815	1815
WARD	1830	1830
BLAKE	2850	2850
CLARK	2850	2850
JONES	2975	2975
FORD	3000	3000
KING	5000	5000

增加工资人数：5 剩余工资：3
PL/SQL 过程已成功完成。

【练习1】按部门编号从小到大的顺序输出雇员名字、工资以及工资与平均工资的差。

【练习2】为所有雇员增加工资，工资在 1000 以内的增加 30%，工资在 1000~2000 之间的增加 20%，2000 以上的增加 10%。

7.6 练　　习

1. 关于显式游标的错误说法是：
   A. 使用显式游标必须先定义
   B. 游标是一个内存区域
   C. 游标对应一个 SELECT 语句
   D. FETCH 语句用来从数据库中读出一行数据到游标
2. 有 4 条与游标有关的语句，它们在程序中出现的正确顺序是：
   1) OPEN abc
   2) CURSOR abc IS SELECT ename FROM emp
   3) FETCH abc INTO vname
   4) CLOSE abc

   A. 1、2、3、4　　　　　　　　　B. 2、1、3、4
   C. 2、3、1、4　　　　　　　　　D. 1、3、2、4
3. 用来判断 FETCH 语句是否成功，并且在 FETCH 语句失败时返回逻辑真的属性是：
   A. %ROWCOUNT　　　　　　　B. %NOTFOUND
   C. %FOUND　　　　　　　　　D. %ISOPEN
4. 在程序中执行语句 SELECT ename FROM emp WHERE job='CLERK' 可能引发的异常类型是：
   A. NO_DATA_FOUND　　　　　B. TOO_MANY_ROWS
   C. INVALID_CURSOR　　　　　D. OTHERS
5. 有关游标的论述，正确的是：
   A. 隐式游标属性%FOUND 代表操作成功
   B. 显式游标的名称为 SQL
   C. 隐式游标也能返回多行查询结果
   D. 可以为 UPDATE 语句定义一个显式游标

第 8 章 存储过程、函数和包

存储过程(PROCEDURE)、函数(FUNCTION)和包(PAKAGE)是以编译的形式存储在数据库中的数据库的对象,并成为数据库的一部分,可作为数据库的对象通过名字被调用和访问。存储过程通常是实现一定功能的模块;函数通常用于计算,并返回计算结果;包分为包和包体,用于捆绑存放相关的存储过程和函数,起到对模块归类打包的作用。

【本章要点】
- 存储过程和存储函数。
- 过程的参数和调用。
- 包和包的应用。

8.1 存储过程和函数

存储过程、函数和包是数据库应用程序开发的重要方法,三者既有区别,也有联系。

8.1.1 认识存储过程和函数

存储过程和函数也是一种 PL/SQL 块,是存入数据库的 PL/SQL 块。但存储过程和函数不同于已经介绍过的 PL/SQL 程序,我们通常把 PL/SQL 程序称为无名块,而存储过程和函数是以命名的方式存储于数据库中的。和 PL/SQL 程序相比,存储过程有很多优点,具体归纳如下:

- 存储过程和函数以命名的数据库对象形式存储于数据库当中。存储在数据库中的优点是很明显的,因为代码不保存在本地,用户可以在任何客户机上登录到数据库,并调用或修改代码。

- 存储过程和函数可由数据库提供安全保证,要想使用存储过程和函数,需要有存储过程和函数的所有者的授权,只有被授权的用户或创建者本身才能执行存储过程或调用函数。

- 存储过程和函数的信息是写入数据字典的,所以存储过程可以看作是一个公用模块,用户编写的 PL/SQL 程序或其他存储过程都可以调用它(但存储过程和函数不能调用 PL/SQL 程序)。一个重复使用的功能,可以设计成为存储过程,比如:显示一张工资统计表,可以设计成为存储过程;一个经常调用的计算,可以设计成为存储函数;根据雇员编号返回雇员的姓名,可以设计成存储函数。

- 像其他高级语言的过程和函数一样，可以传递参数给存储过程或函数，参数的传递也有多种方式。存储过程可以有返回值，也可以没有返回值，存储过程的返回值必须通过参数带回；函数有一定的数据类型，像其他的标准函数一样，我们可以通过对函数名的调用返回函数值。

存储过程和函数需要进行编译，以排除语法错误，只有编译通过才能调用。

8.1.2 创建和删除存储过程

创建存储过程，需要有 CREATE PROCEDURE 或 CREATE ANY PROCEDURE 的系统权限。该权限可由系统管理员授予。创建一个存储过程的基本语句如下：

```
CREATE [OR REPLACE] PROCEDURE  存储过程名[(参数[IN|OUT|IN OUT] 数据类型…)]
    {AS|IS}
        [说明部分]
    BEGIN
        可执行部分
    [EXCEPTION
        错误处理部分]
    END [过程名];
```

其中：

可选关键字 OR REPLACE 表示如果存储过程已经存在，则用新的存储过程覆盖，通常用于存储过程的重建。

参数部分用于定义多个参数(如果没有参数，就可以省略)。参数有三种形式：IN、OUT 和 IN OUT。如果没有指明参数的形式，则默认为 IN。

关键字 AS 也可以写成 IS，后跟过程的说明部分，可以在此定义过程的局部变量。

编写存储过程可以使用任何文本编辑器或直接在 SQL*Plus 环境下进行，编写好的存储过程必须要在 SQL*Plus 环境下进行编译，生成编译代码，原代码和编译代码在编译过程中都会被存入数据库。编译成功的存储过程就可以在 Oracle 环境下进行调用了。

一个存储过程在不需要时可以删除。删除存储过程的人是过程的创建者或者拥有 DROP ANY PROCEDURE 系统权限的人。删除存储过程的语法如下：

```
DROP PROCEDURE  存储过程名;
```

如果要重新编译一个存储过程，则只能是过程的创建者或者拥有 ALTER ANY PROCEDURE 系统权限的人。语法如下：

```
ALTER PROCEDURE  存储过程名  COMPILE;
```

执行(或调用)存储过程的人是过程的创建者或是拥有 EXECUTE ANY PROCEDURE 系统权限的人或是被拥有者授予 EXECUTE 权限的人。执行的方法如下：

方法 1：

```
EXECUTE  模式名.存储过程名[(参数…)];
```

方法 2：
  BEGIN
  模式名.存储过程名[(参数…)];
  END;

传递的参数必须与定义的参数类型、个数和顺序一致(如果参数定义了默认值，则调用时可以省略参数)。参数可以是变量、常量或表达式，用法参见下一节。

如果是调用本账户下的存储过程，则模式名可以省略。要调用其他账户编写的存储过程，则模式名必须要添加。

以下是一个生成和调用简单存储过程的训练。注意要事先授予创建存储过程的权限。

【训练 1】 创建一个显示雇员总人数的存储过程。

步骤 1：登录 SCOTT 账户(或学生个人账户)。
步骤 2：在 SQL*Plus 输入区中，输入以下存储过程：
```
CREATE OR REPLACE PROCEDURE EMP_COUNT
AS
V_TOTAL NUMBER(10);
BEGIN
 SELECT COUNT(*) INTO V_TOTAL FROM EMP;
 DBMS_OUTPUT.PUT_LINE('雇员总人数为：'||V_TOTAL);
END;
```
步骤 3：按"执行"按钮进行编译。

如果存在错误，就会显示：

警告：创建的过程带有编译错误。

如果存在错误，对脚本进行修改，直到没有错误产生。

如果编译结果正确，将显示：

过程已创建。

步骤 4：调用存储过程，在输入区中输入以下语句并执行：
```
EXECUTE EMP_COUNT;
```
显示结果为：

雇员总人数为：14
PL/SQL 过程已成功完成。

说明：在该训练中，V_TOTAL 变量是存储过程定义的局部变量，用于接收查询到的雇员总人数。

注意：在 SQL*Plus 中输入存储过程，按"执行"按钮是进行编译，不是执行存储过程。

如果在存储过程中引用了其他用户的对象，比如表，则必须有其他用户授予的对象访问权限。一个存储过程一旦编译成功，就可以由其他用户或程序来引用。但存储过程或函数的所有者必须授予其他用户执行该过程的权限。

存储过程没有参数,在调用时,直接写过程名即可。

【训练 2】 在 PL/SQL 程序中调用存储过程。

步骤 1:登录 SCOTT 账户。

步骤 2:授权 STUDENT 账户使用该存储过程,即在 SQL*Plus 输入区中,输入以下的命令:

```
GRANT EXECUTE ON EMP_COUNT TO STUDENT
```

授权成功。

步骤 3:登录 STUDENT 账户,在 SQL*Plus 输入区中输入以下程序:

```
SET SERVEROUTPUT ON
BEGIN
SCOTT.EMP_COUNT;
END;
```

步骤 4:执行以上程序,结果为:

雇员总人数为:14

PL/SQL 过程已成功完成。

说明:在本例中,存储过程是由 SCOTT 账户创建的,STUDEN 账户获得 SCOTT 账户的授权后,才能调用该存储过程。

注意:在程序中调用存储过程,使用了第二种语法。

【训练 3】 编写显示雇员信息的存储过程 EMP_LIST,并引用 EMP_COUNT 存储过程。

步骤 1:在 SQL*Plus 输入区中输入并编译以下存储过程:

```
CREATE OR REPLACE PROCEDURE EMP_LIST
AS
   CURSOR emp_cursor IS
   SELECT empno,ename FROM emp;
BEGIN
FOR Emp_record IN emp_cursor LOOP
     DBMS_OUTPUT.PUT_LINE(Emp_record.empno||Emp_record.ename);
END LOOP;
EMP_COUNT;
END;
```

执行结果:

过程已创建。

步骤 2:调用存储过程,在输入区中输入以下语句并执行:

```
EXECUTE EMP_LIST
```

显示结果为:

7369SMITH

7499ALLEN

7521WARD
7566JONES
...
执行结果：
雇员总人数为：14
PL/SQL 过程已成功完成。

说明：以上的 EMP_LIST 存储过程中定义并使用了游标，用来循环显示所有雇员的信息。然后调用已经成功编译的存储过程 EMP_COUNT，用来附加显示雇员总人数。通过 EXECUTE 命令来执行 EMP_LIST 存储过程。

【练习 1】编写显示部门信息的存储过程 DEPT_LIST，要求统计出部门个数。

8.1.3 参数传递

参数的作用是向存储过程传递数据，或从存储过程获得返回结果。正确的使用参数可以大大增加存储过程的灵活性和通用性。

参数的类型有三种，如表 8-1 所示。

表 8-1 参数的类型

参数类型	说明
IN	定义一个输入参数变量，用于传递参数给存储过程
OUT	定义一个输出参数变量，用于从存储过程获取数据
IN OUT	定义一个输入、输出参数变量，兼有以上两者的功能

参数的定义形式和作用如下：

　　参数名 IN 数据类型 DEFAULT 值；

定义一个输入参数变量，用于传递参数给存储过程。在调用存储过程时，主程序的实际参数可以是常量、有值变量或表达式等。DEFAULT 关键字为可选项，用来设定参数的默认值。如果在调用存储过程时不指明参数，则参数变量取默认值。在存储过程中，输入变量接收主程序传递的值，但不能对其进行赋值。

　　参数名 OUT 数据类型；

定义一个输出参数变量，用于从存储过程获取数据，即变量从存储过程中返回值给主程序。在调用存储过程时，主程序的实际参数只能是一个变量，而不能是常量或表达式。在存储过程中，参数变量只能被赋值而不能将其用于赋值，在存储过程中必须给输出变量至少赋值一次。

　　参数名 IN OUT 数据类型 DEFAULT 值；

定义一个输入、输出参数变量，兼有以上两者的功能。在调用存储过程时，主程序的实际参数只能是一个变量，而不能是常量或表达式。DEFAULT 关键字为可选项，用来设定参数的默认值。在存储过程中，变量接收主程序传递的值，同时可以参加赋值运算，也可以对其进行赋值。在存储过程中必须给变量至少赋值一次。

如果省略 IN、OUT 或 IN OUT，则默认模式是 IN。

以下是几个训练实例，以帮助读者学习和了解存储过程和函数的参数的使用和值的传递过程。

【训练 1】 编写给雇员增加工资的存储过程 CHANGE_SALARY，通过 IN 类型的参数传递要增加工资的雇员编号和增加的工资额。

步骤 1：登录 SCOTT 账户。

步骤 2：在 SQL*Plus 输入区中输入以下存储过程并执行：

```
CREATE OR REPLACE PROCEDURE CHANGE_SALARY(P_EMPNO IN NUMBER DEFAULT 7788,
P_RAISE NUMBER DEFAULT 10)
AS
 V_ENAME VARCHAR2(10);
 V_SAL NUMBER(5);
BEGIN
 SELECT ENAME,SAL INTO V_ENAME,V_SAL FROM EMP WHERE EMPNO=P_EMPNO;
 UPDATE EMP SET SAL=SAL+P_RAISE WHERE EMPNO=P_EMPNO;
 DBMS_OUTPUT.PUT_LINE('雇员'||V_ENAME||'的工资被改为'||TO_CHAR(V_SAL+P_RAISE));
 COMMIT;
EXCEPTION
 WHEN OTHERS THEN
 DBMS_OUTPUT.PUT_LINE('发生错误，修改失败！');
 ROLLBACK;
END;
```

执行结果为：

过程已创建。

步骤 3：调用存储过程，在输入区中输入以下语句并执行：

EXECUTE CHANGE_SALARY(7788,80)

显示结果为：

雇员 SCOTT 的工资被改为 3080

说明： 从执行结果可以看到，雇员 SCOTT 的工资已由原来的 3000 改为 3080。

参数的值由调用者传递，传递的参数的个数、类型和顺序应该和定义的一致。如果顺序不一致，可以采用以下调用方法。如上例，执行语句可以改为：

EXECUTE CHANGE_SALARY(P_RAISE=>80,P_EMPNO=>7788);

可以看出传递参数的顺序发生了变化，并且明确指出了参数名和要传递的值，=>运算符左侧是参数名，右侧是参数表达式，这种赋值方法的意义较清楚。

【练习 1】 创建插入雇员的存储过程 INSERT_EMP，并将雇员编号等作为参数。

在设计存储过程的时候，也可以为参数设定默认值，这样调用者就可以不传递或少传递参数了。

【训练 2】 调用存储过程 CHANGE_SALARY，不传递参数，使用默认参数值。
在 SQL*Plus 输入区中输入以下命令并执行：
EXECUTE CHANGE_SALARY
显示结果为：
雇员 SCOTT 的工资被改为 3090

说明：在存储过程的调用中没有传递参数，而是采用了默认值 7788 和 10，即默认雇员号为 7788，增加的工资为 10。

【训练 3】 使用 OUT 类型的参数返回存储过程的结果。
步骤 1：登录 SCOTT 账户。
步骤 2：在 SQL*Plus 输入区中输入并编译以下存储过程：
CREATE OR REPLACE PROCEDURE EMP_COUNT(P_TOTAL OUT NUMBER)
AS
BEGIN
 SELECT COUNT(*) INTO P_TOTAL FROM EMP;
END;
执行结果为：
过程已创建。
步骤 3：输入以下程序并执行：
DECLARE
V_EMPCOUNT NUMBER;
BEGIN
EMP_COUNT(V_EMPCOUNT);
DBMS_OUTPUT.PUT_LINE('雇员总人数为：'||V_EMPCOUNT);
END;
显示结果为：
雇员总人数为：14
PL/SQL 过程已成功完成。

说明：在存储过程中定义了 OUT 类型的参数 P_TOTAL，在主程序调用该存储过程时，传递了参数 V_EMPCOUNT。在存储过程中的 SELECT…INTO…语句中对 P_TOTAL 进行赋值，赋值结果由 V_EMPCOUNT 变量带回给主程序并显示。

以上程序要覆盖同名的 EMP_COUNT 存储过程，如果不使用 OR REPLACE 选项，就会出现以下错误：
ERROR 位于第 1 行：
ORA-00955: 名称已由现有对象使用。

【练习 2】创建存储过程，使用 OUT 类型参数获得雇员经理名。

【训练 4】 使用 IN OUT 类型的参数，给电话号码增加区码。

步骤 1：登录 SCOTT 账户。
步骤 2：在 SQL*Plus 输入区中输入并编译以下存储过程：
```
CREATE OR REPLACE PROCEDURE ADD_REGION(P_HPONE_NUM IN OUT VARCHAR2)
AS
BEGIN
  P_HPONE_NUM:='0755-'||P_HPONE_NUM;
END;
```
执行结果为：
过程已创建。
步骤 3：输入以下程序并执行：
```
SET SERVEROUTPUT ON
DECLARE
V_PHONE_NUM VARCHAR2(15);
BEGIN
V_PHONE_NUM:='26731092';
ADD_REGION(V_PHONE_NUM);
DBMS_OUTPUT.PUT_LINE('新的电话号码：'||V_PHONE_NUM);
END;
```
显示结果为：
新的电话号码：0755-26731092
PL/SQL 过程已成功完成。

说明：变量 V_HPONE_NUM 既用来向存储过程传递旧电话号码，也用来向主程序返回新号码。新的号码在原来基础上增加了区号 0755 和-。

8.1.4 创建和删除存储函数

创建函数，需要有 CREATE PROCEDURE 或 CREATE ANY PROCEDURE 的系统权限。该权限可由系统管理员授予。创建存储函数的语法和创建存储过程的类似，即
```
CREATE [OR REPLACE] FUNCTION 函数名[(参数[IN] 数据类型…)]
    RETURN 数据类型
    {AS|IS}
    [说明部分]
    BEGIN
    可执行部分
    RETURN (表达式)
    [EXCEPTION
        错误处理部分]
    END [函数名];
```

其中，参数是可选的，但只能是 IN 类型(IN 关键字可以省略)。

在定义部分的 RETURN 数据类型，用来表示函数的数据类型，也就是返回值的类型，此部分不可省略。

在可执行部分的 RETURN(表达式)，用来生成函数的返回值，其表达式的类型应该和定义部分说明的函数返回值的数据类型一致。在函数的执行部分可以有多个 RETURN 语句，但只有一个 RETURN 语句会被执行，一旦执行了 RETURN 语句，则函数结束并返回调用环境。

一个存储函数在不需要时可以删除，但删除的人应是函数的创建者或者是拥有 DROP ANY PROCEDURE 系统权限的人。其语法如下：

DROP FUNCTION 函数名;

重新编译一个存储函数时，编译的人应是函数的创建者或者拥有 ALTER ANY PROCEDURE 系统权限的人。重新编译一个存储函数的语法如下：

ALTER PROCEDURE 函数名 COMPILE;

函数的调用者应是函数的创建者或拥有 EXECUTE ANY PROCEDURE 系统权限的人，或是被函数的拥有者授予了函数执行权限的账户。函数的引用和存储过程不同，函数要出现在程序体中，可以参加表达式的运算或单独出现在表达式中，其形式如下：

变量名:=函数名(...)

【训练 1】 创建一个通过雇员编号返回雇员名称的函数 GET_EMP_NAME。

步骤 1：登录 SCOTT 账户。

步骤 2：在 SQL*Plus 输入区中输入以下存储函数并编译：

```
CREATE OR REPLACE FUNCTION GET_EMP_NAME(P_EMPNO NUMBER DEFAULT 7788)
RETURN VARCHAR2
AS
 V_ENAME VARCHAR2(10);
BEGIN
 SELECT ENAME INTO V_ENAME FROM EMP WHERE EMPNO=P_EMPNO;
 RETURN(V_ENAME);
EXCEPTION
 WHEN NO_DATA_FOUND THEN
  DBMS_OUTPUT.PUT_LINE('没有该编号雇员！');
  RETURN (NULL);
 WHEN TOO_MANY_ROWS THEN
  DBMS_OUTPUT.PUT_LINE('有重复雇员编号！');
  RETURN (NULL);
 WHEN OTHERS THEN
  DBMS_OUTPUT.PUT_LINE('发生其他错误！');
  RETURN (NULL);
END;
```

步骤 3：调用该存储函数，输入并执行以下程序：
BEGIN
  DBMS_OUTPUT.PUT_LINE('雇员 7369 的名称是：'|| GET_EMP_NAME(7369));
  DBMS_OUTPUT.PUT_LINE('雇员 7839 的名称是：'|| GET_EMP_NAME(7839));
END;
显示结果为：
雇员 7369 的名称是：SMITH
雇员 7839 的名称是：KING
PL/SQL 过程已成功完成。

说明：函数的调用直接出现在程序的 DBMS_OUTPUT.PUT_LINE 语句中，作为字符串表达式的一部分。如果输入了错误的雇员编号，就会在函数的错误处理部分输出错误信息。试修改雇员编号，重新运行调用部分。

【练习 1】创建一个通过部门编号返回部门名称的存储函数 GET_DEPT_NAME。
【练习 2】将函数的执行权限授予 STUDENT 账户，然后登录 STUDENT 账户调用。

8.1.5 存储过程和函数的查看

可以通过对数据字典的访问来查询存储过程或函数的有关信息，如果要查询当前用户的存储过程或函数的源代码，可以通过对 USER_SOURCE 数据字典视图的查询得到。USER_SOURCE 的结构如下：

DESCRIBE USER_SOURCE

结果为：

名称	是否为空?	类型
NAME		VARCHAR2(30)
TYPE		VARCHAR2(12)
LINE		NUMBER
TEXT		VARCHAR2(4000)

说明：里面按行存放着过程或函数的脚本，NAME 是过程或函数名，TYPE 代表类型 (PROCEDURE 或 FUNCTION)，LINE 是行号，TEXT 为脚本。

【训练 1】 查询过程 EMP_COUNT 的脚本。
在 SQL*Plus 中输入并执行如下查询：
select TEXT from user_source WHERE NAME='EMP_COUNT';
结果为：
TEXT

PROCEDURE EMP_COUNT(P_TOTAL OUT NUMBER)
AS

```
BEGIN
  SELECT COUNT(*) INTO P_TOTAL FROM EMP;
END;
```

如果要查询过程或函数的名字和参数，可以用如下方法。

【训练 2】 查询过程 GET_EMP_NAME 的参数。

在 SQL*Plus 中输入并执行如下查询：

```
DESCRIBE GET_EMP_NAME
```

结果为：

FUNCTION GET_EMP_NAME RETURNS VARCHAR2

参数名称	类型	输入/输出	默认值?
P_EMPNO	NUMBER(4)	IN	DEFAULT

在存储过程或函数的编译过程中，如果发生错误，可以使用 SHOW ERRORS 命令显示出错的细节。

【训练 3】 在发生编译错误时，显示错误。

```
SHOW ERRORS
```

以下是一段编译错误显示：

LINE/COL	ERROR
4/2	PL/SQL: SQL Statement ignored
4/36	PLS-00201: 必须说明标识符 'EMPP'

说明：查询一个存储过程或函数是否是有效状态(即编译成功)，可以使用数据字典 USER_OBJECTS 的 STATUS 列。

【训练 4】 查询 EMP_LIST 存储过程是否可用：

```
SELECT STATUS FROM USER_OBJECTS WHERE OBJECT_NAME='EMP_LIST';
```

结果为：

STATUS

VALID

说明：VALID 表示该存储过程有效(即通过编译)，INVALID 表示存储过程无效或需要重新编译。当 Oracle 调用一个无效的存储过程或函数时，首先试图对其进行编译，如果编译成功则将状态置成 VALID 并执行，否则给出错误信息。

当一个存储过程编译成功，状态变为 VALID，会不会在某些情况下变成 INVALID。结论是完全可能的。比如一个存储过程中包含对表的查询，如果表被修改或删除，存储过程就会变成无效 INVALID。所以要注意存储过程和函数对其他对象的依赖关系。

如果要检查存储过程或函数的依赖性，可以通过查询数据字典 USER_DENPENDENCIES 来确定，该表结构如下：
DESCRIBE USER_DEPENDENCIES;
结果：

名称	是否为空？	类型
NAME	NOT NULL	VARCHAR2(30)
TYPE		VARCHAR2(12)
REFERENCED_OWNER		VARCHAR2(30)
REFERENCED_NAME		VARCHAR2(64)
REFERENCED_TYPE		VARCHAR2(12)
REFERENCED_LINK_NAME		VARCHAR2(128)
SCHEMAID		NUMBER
DEPENDENCY_TYPE		VARCHAR2(4)

说明：NAME 为实体名，TYPE 为实体类型，REFERENCED_OWNER 为涉及到的实体拥有者账户，REFERENCED_NAME 为涉及到的实体名，REFERENCED_TYPE 为涉及到的实体类型。

【训练5】 查询 EMP_LIST 存储过程的依赖性。
SELECT REFERENCED_NAME,REFERENCED_TYPE FROM USER_DEPENDENCIES WHERE NAME='EMP_LIST';
执行结果：

REFERENCED_NAME	REFERENCED_TYPE
STANDARD	PACKAGE
SYS_STUB_FOR_PURITY_ANALYSIS	PACKAGE
DBMS_OUTPUT	PACKAGE
DBMS_OUTPUT	SYNONYM
DBMS_OUTPUT	NON-EXISTENT
EMP	TABLE
EMP_COUNT	PROCEDURE

说明：可以看出存储过程 EMP_LIST 依赖一些系统包、EMP 表和 EMP_COUNT 存储过程。如果删除了 EMP 表或 EMP_COUNT 存储过程，EMP_LIST 将变成无效。

还有一种情况需要我们注意：如果一个用户 A 被授予执行属于用户 B 的一个存储过程的权限，在用户 B 的存储过程中，访问到用户 C 的表，用户 B 被授予访问用户 C 的表的权限，但用户 A 没有被授予访问用户 C 表的权限，那么用户 A 调用用户 B 的存储过程是失败的还是成功的呢？答案是成功的。如果读者有兴趣，不妨进行一下实际测试。

8.2 包

包(PACKAGE)是一种规范的程序设计方法,是将相关的程序对象存储在一起的 PL/SQL 结构。通过将相关对象组织在一起,程序就会有清晰的结构。包的方法减少了依赖性的限制,具有许多性能上的优点。

8.2.1 包的概念和组成

包是用来存储相关程序结构的对象,它存储于数据字典中。包由两个分离的部分组成:包头(PACKAGE)和包体(PACKAGE BODY)。包头是包的说明部分,是对外的操作接口,对应用是可见的;包体是包的代码和实现部分,对应用来说是不可见的黑盒。

包中可以包含的程序结构如表 8-2 所示。

表 8-2 包中包含的程序结构

程序结构	说 明
过程(PROCUDURE)	带参数的命名的程序模块
函数(FUNCTION)	带参数、具有返回值的命名的程序模块
变量(VARIABLE)	存储变化的量的存储单元
常量(CONSTANT)	存储不变的量的存储单元
游标(CURSOR)	用户定义的数据操作缓冲区,在可执行部分使用
类型(TYPE)	用户定义的新的结构类型
异常(EXCEPTION)	在标准包中定义或由用户自定义,用于处理程序错误

说明部分可以出现在包的三个不同的部分:出现在包头中的称为公有元素,出现在包体中的称为私有元素,出现在包体的过程(或函数)中的称为局部变量。它们的性质有所不同,如表 8-3 所示。

表 8-3 包中元素的性质

元 素	说 明	有效范围
公有元素(PUBLIC)	在包头中说明,在包体中具体定义	在包外可见并可以访问,对整个应用的全过程有效
私有元素(PRIVATE)	在包体的说明部分说明	只能被包内部的其他部分访问
局部变量(LOCAL)	在过程或函数的说明部分说明	只能在定义变量的过程或函数中使用

在包体中出现的过程或函数,如果需要对外公用,就必须在包头中说明,包头中的说明应该和包体中的说明一致。

包有以下优点:

- 包可以方便地将存储过程和函数组织到一起,每个包又是相互独立的。在不同的包中,过程、函数都可以重名,这解决了在同一个用户环境中命名的冲突问题。

- 包增强了对存储过程和函数的安全管理，对整个包的访问权只需一次授予。
- 在同一个会话中，公用变量的值将被保留，直到会话结束。
- 区分了公有过程和私有过程，包体的私有过程增加了过程和函数的保密性。
- 包在被首次调用时，就作为一个整体被全部调入内存，减少了多次访问过程或函数的 I/O 次数。

8.2.2 创建包和包体

包由包头和包体两部分组成，包的创建应该先创建包头部分，然后创建包体部分。创建、删除和编译包的权限同创建、删除和编译存储过程的权限相同。

创建包头的简要语句如下：
    CREATE [OR REPLACE] PACKAGE 包名
    {IS|AS}
    公有变量定义
    公有类型定义
    公有游标定义
    公有异常定义
    函数说明
    过程说明
    END;

创建包体的简要语法如下：
    CREATE [OR REPLACE] PACKAGE BODY 包名
    {IS|AS}
    私有变量定义
    私有类型定义
    私有游标定义
    私有异常定义
    函数定义
    过程定义
    END;

包的其他操作命令包括：

删除包头：
    DROP PACKAGE 包头名

删除包体：
    DROP PACKAGE BODY 包体名

重新编译包头：
    ALTER PACKAGE 包名 COMPILE PACKAGE

重新编译包体：
    ALTER PACKAGE 包名 COMPILE PACKAGE BODY

在包头中说明的对象可以在包外调用,调用的方法和调用单独的过程或函数的方法基本相同,惟一的区别就是要在调用的过程或函数名前加上包的名字(中间用"."分隔)。但要注意,不同的会话将单独对包的公用变量进行初始化,所以不同的会话对包的调用属于不同的应用。

8.2.3 系统包

Oracle 预定义了很多标准的系统包,这些包可以在应用中直接使用,比如在训练中我们使用的 DBMS_OUTPUT 包,就是系统包。PUT_LINE 是该包的一个函数。常用系统包如表 8-4 所示。

表 8-4 常用系统包

系统包	说 明
DBMS_OUTPUT	在 SQL*Plus 环境下输出信息
DBMS_DDL	编译过程函数和包
DBMS_SESSION	改变用户的会话,初始化包等
DBMS_TRANSACTION	控制数据库事务
DBMS_MAIL	连接 Oracle*Mail
DBMS_LOCK	进行复杂的锁机制管理
DBMS_ALERT	识别数据库事件告警
DBMS_PIPE	通过管道在会话间传递信息
DBMS_JOB	管理 Oracle 的作业
DBMS_LOB	操纵大对象
DBMS_SQL	执行动态 SQL 语句

8.2.4 包的应用

在 SQL*Plus 环境下,包和包体可以分别编译,也可以一起编译。如果分别编译,则要先编译包头,后编译包体。如果在一起编译,则包头写在前,包体在后,中间用"/"分隔。

可以将已经存在的存储过程或函数添加到包中,方法是去掉过程或函数创建语句的 CREATE OR REPLACE 部分,将存储过程或函数复制到包体中,然后重新编译即可。

如果需要将私有过程或函数变成共有过程或函数的话,将过程或函数说明部分复制到包头说明部分,然后重新编译就可以了。

以下是一个包的应用。

【训练 1】 创建管理雇员信息的包 EMPLOYE,它具有从 EMP 表获得雇员信息,修改雇员名称,修改雇员工资和写回 EMP 表的功能。

步骤 1:登录 SCOTT 账户,输入以下代码并编译:

```
CREATE OR REPLACE PACKAGE EMPLOYE --包头部分
IS
```

```
  PROCEDURE SHOW_DETAIL;
  PROCEDURE GET_EMPLOYE(P_EMPNO NUMBER);
  PROCEDURE SAVE_EMPLOYE;
  PROCEDURE CHANGE_NAME(P_NEWNAME VARCHAR2);
  PROCEDURE CHANGE_SAL(P_NEWSAL NUMBER);
END EMPLOYE;
/
CREATE OR REPLACE PACKAGE BODY EMPLOYE --包体部分
IS
  EMPLOYE EMP%ROWTYPE;
  -------------- 显示雇员信息 --------------
  PROCEDURE SHOW_DETAIL
  AS
  BEGIN
    DBMS_OUTPUT.PUT_LINE('----- 雇员信息 -----');
    DBMS_OUTPUT.PUT_LINE('雇员编号：'||EMPLOYE.EMPNO);
    DBMS_OUTPUT.PUT_LINE('雇员名称：'||EMPLOYE.ENAME);
    DBMS_OUTPUT.PUT_LINE('雇员职务：'||EMPLOYE.JOB);
    DBMS_OUTPUT.PUT_LINE('雇员工资：'||EMPLOYE.SAL);
    DBMS_OUTPUT.PUT_LINE('部门编号：'||EMPLOYE.DEPTNO);
  END SHOW_DETAIL;
  ---------------- 从 EMP 表取得一个雇员 ------------------
  PROCEDURE GET_EMPLOYE(P_EMPNO NUMBER)
  AS
  BEGIN
    SELECT * INTO EMPLOYE FROM EMP WHERE EMPNO=P_EMPNO;
    DBMS_OUTPUT.PUT_LINE('获取雇员'||EMPLOYE.ENAME||'信息成功');
  EXCEPTION
    WHEN OTHERS THEN
      DBMS_OUTPUT.PUT_LINE('获取雇员信息发生错误！');
  END GET_EMPLOYE;
  -------------------- 保存雇员到 EMP 表 ------------------------
  PROCEDURE SAVE_EMPLOYE
  AS
  BEGIN
    UPDATE EMP SET ENAME=EMPLOYE.ENAME, SAL=EMPLOYE.SAL WHERE EMPNO=EMPLOYE.EMPNO;
    DBMS_OUTPUT.PUT_LINE('雇员信息保存完成！');
  END SAVE_EMPLOYE;
```

```
--------------------------- 修改雇员名称 ---------------------------
 PROCEDURE CHANGE_NAME(P_NEWNAME VARCHAR2)
 AS
 BEGIN
   EMPLOYE.ENAME:=P_NEWNAME;
   DBMS_OUTPUT.PUT_LINE('修改名称完成！');
 END CHANGE_NAME;
--------------------------- 修改雇员工资 ---------------------------
 PROCEDURE CHANGE_SAL(P_NEWSAL NUMBER)
 AS
 BEGIN
   EMPLOYE.SAL:=P_NEWSAL;
   DBMS_OUTPUT.PUT_LINE('修改工资完成！');
 END CHANGE_SAL;
END EMPLOYE;
```

步骤2：获取雇员 7788 的信息：

```
SET SERVEROUTPUT ON
EXECUTE EMPLOYE.GET_EMPLOYE(7788);
```

结果为：

获取雇员 SCOTT 信息成功
PL/SQL 过程已成功完成。

步骤3：显示雇员信息：

```
EXECUTE EMPLOYE.SHOW_DETAIL;
```

结果为：

------------------ 雇员信息 ------------------
雇员编号：7788
雇员名称：SCOTT
雇员职务：ANALYST
雇员工资：3000
部门编号：20
PL/SQL 过程已成功完成。

步骤4：修改雇员工资：

```
EXECUTE EMPLOYE.CHANGE_SAL(3800);
```

结果为：

修改工资完成！
PL/SQL 过程已成功完成。

步骤5：将修改的雇员信息存入 EMP 表

```
EXECUTE EMPLOYE.SAVE_EMPLOYE;
```

结果为：

雇员信息保存完成！
PL/SQL 过程已成功完成。

说明：该包完成将 EMP 表中的某个雇员的信息取入内存记录变量，在记录变量中进行修改编辑，在确认显示信息正确后写回 EMP 表的功能。记录变量 EMPLOYE 用来存储取得的雇员信息，定义为私有变量，只能被包的内部模块访问。

【练习1】为包增加修改雇员职务和部门编号的功能。

8.3 阶段训练

下面的训练通过定义和创建完整的包 EMP_PK 并综合运用本章的知识，完成对雇员表的插入、删除等功能，包中的主要元素解释如表 8-5 所示。

表 8-5 完整的雇员包 EMP_PK 的成员

程序结构	类型	说明
V_EMP_COUNT	公有变量	跟踪雇员的总人数变化，插入、删除雇员的同时修改该变量的值
INIT	公有过程	对包进行初始化，初始化雇员人数和工资修改的上、下限
LIST_EMP	公有过程	显示雇员列表
INSERT_EMP	公有过程	通过编号插入新雇员
DELETE_EMP	公有过程	通过编号删除雇员
CHANGE_EMP_SAL	公有过程	通过编号修改雇员工资
V_MESSAGE	私有变量	存放准备输出的信息
C_MAX_SAL	私有变量	对工资修改的上限
C_MIN_SAL	私有变量	对工资修改的下限
SHOW_MESSAGE	私有过程	显示私有变量 V_MESSAGE 中的信息
EXIST_EMP	私有函数	判断某个编号的雇员是否存在，该函数被 INSERT_EMP、DELETE_EMP 和 CHANGE_EMP_SAL 等过程调用

【训练 1】 完整的雇员包 EMP_PK 的创建和应用。
步骤1：在 SQL*Plus 中登录 SCOTT 账户，输入以下包头和包体部分，按"执行"按钮编译：

```
CREATE OR REPLACE PACKAGE EMP_PK --包头部分
IS
    V_EMP_COUNT NUMBER(5);                              --雇员人数
    PROCEDURE INIT(P_MAX NUMBER,P_MIN NUMBER);          --初始化
    PROCEDURE LIST_EMP;                                 --显示雇员列表
    PROCEDURE INSERT_EMP(P_EMPNO NUMBER,P_ENAME VARCHAR2,P_JOB VARCHAR2,
    P_SAL NUMBER);                                      --插入雇员
    PROCEDURE DELETE_EMP(P_EMPNO NUMBER);               --删除雇员
    PROCEDURE CHANGE_EMP_SAL(P_EMPNO NUMBER,P_SAL NUMBER); --修改雇员工资
```

```
END EMP_PK;
/
CREATE OR REPLACE PACKAGE BODY EMP_PK --包体部分
IS
  V_MESSAGE VARCHAR2(50); --显示信息
  V_MAX_SAL NUMBER(7); --工资上限
  V_MIN_SAL NUMBER(7); --工资下限
  FUNCTION EXIST_EMP(P_EMPNO NUMBER) RETURN BOOLEAN; --判断雇员是否存在函数
  PROCEDURE SHOW_MESSAGE; --显示信息过程
---------------------------- 初始化过程 ----------------------------
  PROCEDURE INIT(P_MAX NUMBER,P_MIN NUMBER)
  IS
  BEGIN
    SELECT COUNT(*) INTO V_EMP_COUNT FROM EMP;
    V_MAX_SAL:=P_MAX;
    V_MIN_SAL:=P_MIN;
    V_MESSAGE:='初始化过程已经完成！';
    SHOW_MESSAGE;
  END INIT;
---------------------------- 显示雇员列表过程 ----------------------
  PROCEDURE LIST_EMP
  IS
  BEGIN
    DBMS_OUTPUT.PUT_LINE('姓名        职务        工资');
    FOR emp_rec IN (SELECT * FROM EMP)
    LOOP
      DBMS_OUTPUT.PUT_LINE(RPAD(emp_rec.ename,10,' ')||RPAD(emp_rec.job,10,' ')||TO_CHAR(emp_rec.sal));
    END LOOP;
    DBMS_OUTPUT.PUT_LINE('雇员总人数：'||V_EMP_COUNT);
  END LIST_EMP;
---------------------------- 插入雇员过程 ----------------------------
  PROCEDURE INSERT_EMP(P_EMPNO NUMBER,P_ENAME VARCHAR2,P_JOB VARCHAR2,P_SAL NUMBER)
  IS
  BEGIN
    IF NOT EXIST_EMP(P_EMPNO) THEN
      INSERT INTO EMP(EMPNO,ENAME,JOB,SAL) VALUES(P_EMPNO,P_ENAME,P_JOB,P_SAL);
      COMMIT;
      V_EMP_COUNT:=V_EMP_COUNT+1;
      V_MESSAGE:='雇员'||P_EMPNO||'已插入!';
```

```
    ELSE
      V_MESSAGE:='雇员'||P_EMPNO||'已存在,不能插入!';
    END IF;
    SHOW_MESSAGE;
  EXCEPTION
    WHEN OTHERS THEN
      V_MESSAGE:='雇员'||P_EMPNO||'插入失败!';
      SHOW_MESSAGE;
  END INSERT_EMP;
  -------------------------- 删除雇员过程 --------------------
  PROCEDURE DELETE_EMP(P_EMPNO NUMBER)
  IS
  BEGIN
    IF EXIST_EMP(P_EMPNO) THEN
      DELETE FROM EMP WHERE EMPNO=P_EMPNO;
      COMMIT;
      V_EMP_COUNT:=V_EMP_COUNT-1;
      V_MESSAGE:='雇员'||P_EMPNO||'已删除!';
    ELSE
      V_MESSAGE:='雇员'||P_EMPNO||'不存在，不能删除!';
    END IF;
    SHOW_MESSAGE;
  EXCEPTION
    WHEN OTHERS THEN
      V_MESSAGE:='雇员'||P_EMPNO||'删除失败!';
      SHOW_MESSAGE;
  END DELETE_EMP;
  -------------------------------- 修改雇员工资过程 --------------------------------
  PROCEDURE CHANGE_EMP_SAL(P_EMPNO NUMBER,P_SAL NUMBER)
  IS
  BEGIN
    IF (P_SAL>V_MAX_SAL OR P_SAL<V_MIN_SAL) THEN
      V_MESSAGE:='工资超出修改范围!';
    ELSIF NOT EXIST_EMP(P_EMPNO) THEN
      V_MESSAGE:='雇员'||P_EMPNO||'不存在，不能修改工资!';
    ELSE
      UPDATE EMP SET SAL=P_SAL WHERE EMPNO=P_EMPNO;
      COMMIT;
      V_MESSAGE:='雇员'||P_EMPNO||'工资已经修改!';
```

```
    END IF;
   SHOW_MESSAGE;
  EXCEPTION
   WHEN OTHERS THEN
    V_MESSAGE:='雇员'||P_EMPNO||'工资修改失败!';
    SHOW_MESSAGE;
  END CHANGE_EMP_SAL;
  ---------------------------  显示信息过程  ---------------------------
  PROCEDURE SHOW_MESSAGE
  IS
  BEGIN
   DBMS_OUTPUT.PUT_LINE('提示信息: '||V_MESSAGE);
  END SHOW_MESSAGE;
  ----------------------  判断雇员是否存在函数  --------------------
  FUNCTION EXIST_EMP(P_EMPNO NUMBER)
  RETURN BOOLEAN
  IS
   V_NUM NUMBER; --局部变量
  BEGIN
   SELECT COUNT(*) INTO V_NUM FROM EMP WHERE EMPNO=P_EMPNO;
   IF V_NUM=1 THEN
    RETURN TRUE;
   ELSE
    RETURN FALSE;
   END IF;
  END EXIST_EMP;
  ---------------------------
END EMP_PK;
```

结果为:

程序包已创建。

程序包主体已创建。

步骤 2: 初始化包:

```
SET SERVEROUTPUT ON
EXECUTE EMP_PK.INIT(6000,600);
```

显示为:

提示信息: 初始化过程已经完成!

步骤 3: 显示雇员列表:

```
EXECUTE EMP_PK.LIST_EMP;
```

显示为:

姓名	职务	工资
SMITH	CLERK	1560
ALLEN	SALESMAN	1936
WARD	SALESMAN	1830
JONES	MANAGER	2975

……

雇员总人数：14

PL/SQL 过程已成功完成。

步骤 4：插入一个新记录：

EXECUTE EMP_PK.INSERT_EMP(8001,'小王','CLERK',1000);

显示结果为：

提示信息：雇员 8001 已插入！

PL/SQL 过程已成功完成。

步骤 5：通过全局变量 V_EMP_COUNT 查看雇员人数：

BEGIN
  DBMS_OUTPUT.PUT_LINE(EMP_PK.V_EMP_COUNT);
END;

显示结果为：

15

PL/SQL 过程已成功完成。

步骤 6：删除新插入记录：

EXECUTE EMP_PK.DELETE_EMP(8001);

显示结果为：

提示信息：雇员 8001 已删除！

PL/SQL 过程已成功完成。

再次删除该雇员：

EXECUTE EMP_PK.DELETE_EMP(8001);

结果为：

提示信息：雇员 8001 不存在，不能删除！

步骤 7：修改雇员工资：

EXECUTE EMP_PK.CHANGE_EMP_SAL(7788,8000);

显示结果为：

提示信息：工资超出修改范围！

PL/SQL 过程已成功完成。

步骤 8：授权其他用户调用包：

如果是另外一个用户要使用该包，必须由包的所有者授权，下面授予 STUDEN 账户对该包的使用权：

GRANT EXECUTE ON EMP_PK TO STUDENT;

每一个新的会话要为包中的公用变量开辟新的存储空间，所以需要重新执行初始化过程。两个会话的进程互不影响。

步骤9：其他用户调用包。

启动另外一个 SQL*Plus，登录 STUDENT 账户，执行以下过程：
SET SERVEROUTPUT ON
EXECUTE SCOTT.EMP_PK. EMP_PK.INIT(5000,700);
结果为：
提示信息：初始化过程已经完成！
PL/SQL 过程已成功完成。

说明： 在初始化中设置雇员的总人数和修改工资的上、下限，初始化后 V_EMP_COUNT 为 14 人，插入雇员后 V_EMP_COUNT 为 15 人。V_EMP_COUNT 为公有变量，所以可以在外部程序中使用 DBMS_OUTPUT.PUT_LINE 输出，引用时用 EMP_PK.V_EMP_COUNT 的形式，说明所属的包。而私有变量 V_MAX_SAL 和 V_MIN_SAL 不能被外部访问，只能通过内部过程来修改。同样，EXIST_EMP 和 SHOW_MESSAGE 也是私有过程，也只能在过程体内被其他模块引用。

注意： 在最后一个步骤中，因为 STUDENT 模式调用了 SCOTT 模式的包，所以包名前要增加模式名 SCOTT。不同的会话对包的调用属于不同的应用，所以需要重新进行初始化。

8.4 练　　习

1. 如果存储过程的参数类型为 OUT，那么调用时传递的参数应该为：
   A. 常量　　　　　B. 表达式　　　　C. 变量　　　　D. 都可以
2. 下列有关存储过程的特点说法错误的是：
   A. 存储过程不能将值传回调用的主程序
   B. 存储过程是一个命名的模块
   C. 编译的存储过程存放在数据库中
   D. 一个存储过程可以调用另一个存储过程
3. 下列有关函数的特点说法错误的是：
   A. 函数必须定义返回类型
   B. 函数参数的类型只能是 IN
   C. 在函数体内可以多次使用 RETURN 语句
   D. 函数的调用应使用 EXECUTE 命令
4. 包中不能包含的元素为：
   A. 存储过程　　　B. 存储函数　　　C. 游标　　　　D. 表
5. 下列有关包的使用说法错误的是：
   A. 在不同的包内模块可以重名
   B. 包的私有过程不能被外部程序调用
   C. 包体中的过程和函数必须在包头部分说明
   D. 必须先创建包头，然后创建包体

第 9 章 触 发 器

触发器也是一种程序模块，是数据库的一种自动处理机制。它也是存储于数据库中的对象，具有一个对象名称，必须在编译成功后才能执行。类似于存储过程和函数，触发器也拥有定义部分、语句执行部分和出错处理部分。

触发器是独立于应用程序的模块，但它的调用方式完全不同于存储过程和函数，它是由"事件"激活的。所谓事件，就是数据库的动作或用户的操作。触发器不能由用户显式地调用或在应用程序中引用，而是当某种触发事件发生并被捕捉到时，才会被触发，然后自动执行触发器的代码。触发器也可看作是事件的处理器，用来完成对事件的处理，但触发器不能接收参数。触发器通常通过对操作的记录来对数据库进行操作的审计，或用于实现更复杂的约束条件，这是保证数据安全的另一种行之有效的方法。比如，我们可以在用户对数据进行修改时，通过触发器来限定所进行的修改，或对修改操作进行记录。

【本章要点】
◆ 触发器的概念。
◆ DML 触发器。
◆ DDL 和数据库事件触发器。

9.1 触发器的种类和触发事件

触发器必须由事件才能触发。触发器的触发事件分可为 3 类，分别是 DML 事件、DDL 事件和数据库事件。

每类事件包含若干个事件，如表 9-1 所示。数据库的事件是具体的，在创建触发器时要指明触发的事件。

表 9-1 触 发 器 事 件

种 类	关 键 字	含 义
DML 事件(3 种)	INSERT	在表或视图中插入数据时触发
	UPDATE	修改表或视图中的数据时触发
	DELETE	在删除表或视图中的数据时触发
DDL 事件(3 种)	CREATE	在创建新对象时触发
	ALTER	修改数据库或数据库对象时触发
	DROP	删除对象时触发
数据库事件(5 种)	STARTUP	数据打开时触发
	SHUTDOWN	在使用 NORMAL 或 IMMEDIATE 选项关闭数据库时触
	LOGON	当用户连接到数据库并建立会话时触发
	LOGOFF	当一个会话从数据库中断开时触发
	SERVERERROR	发生服务器错误时触发

触发器的类型可划分为 4 种：数据操纵语言(DML)触发器、替代(INSTEAD OF)触发器、数据定义语言(DDL)触发器和数据库事件触发器。

各类触发器的作用如表 9-2 所示。

表 9-2 触 发 器

种 类	简 称	作 用
数据操纵语言触发器	DML 触发器	创建在表上，由 DML 事件引发的触发器
替代触发器	INSTEAD OF 触发器	创建在视图上，用来替换对视图进行的插入、删除和修改操作
数据定义语言触发器	DDL 触发器	定义在模式上，触发事件是数据库对象的创建和修改
数据库事件触发器	—	定义在整个数据库或模式上，触发事件是数据库事件

下面详细说明这 4 种触发器并给出应用实例。

9.2 DML 触发器

9.2.1 DML 触发器的要点

DML 触发器是定义在表上的触发器，由 DML 事件引发。编写 DML 触发器的要素是：
- 确定触发的表，即在其上定义触发器的表。
- 确定触发的事件，DML 触发器的触发事件有 INSERT、UPDATE 和 DELETE 三种，说明见表 9-1。
- 确定触发时间。触发的时间有 BEFORE 和 AFTER 两种，分别表示触发动作发生在 DML 语句执行之前和语句执行之后。
- 确定触发级别，有语句级触发器和行级触发器两种。语句级触发器表示 SQL 语句只触发一次触发器，行级触发器表示 SQL 语句影响的每一行都要触发一次。

由于在同一个表上可以定义多个 DML 触发器，因此触发器本身和引发触发器的 SQL 语句在执行的顺序上有先后的关系。它们的顺序是：
- 如果存在语句级 BEFORE 触发器，则先执行一次语句级 BEFORE 触发器。
- 在 SQL 语句的执行过程中，如果存在行级 BEFORE 触发器，则 SQL 语句在对每一行操作之前，都要先执行一次行级 BEFORE 触发器，然后才对行进行操作。如果存在行级 AFTER 触发器，则 SQL 语句在对每一行操作之后，都要再执行一次行级 AFTER 触发器。
- 如果存在语句级 AFTER 触发器，则在 SQL 语句执行完毕后，要最后执行一次语句级 AFTER 触发器。

DML 触发器还有一些具体的问题，说明如下：
- 如果有多个触发器被定义成为相同时间、相同事件触发，且最后定义的触发器是有效的，则最后定义的触发器被触发，其他触发器不执行。

- 一个触发器可由多个不同的 DML 操作触发。在触发器中，可用 INSERTING、DELETING、UPDATING 谓词来区别不同的 DML 操作。这些谓词可以在 IF 分支条件语句中作为判断条件来使用。
- 在行级触发器中，用:new 和:old(称为伪记录)来访问数据变更前后的值。但要注意，INSERT 语句插入一条新记录，所以没有:old 记录，而 DELETE 语句删除掉一条已经存在的记录，所以没有:new 记录。UPDATE 语句既有:old 记录，也有:new 记录，分别代表修改前后的记录。引用具体的某一列的值的方法是：

:old.字段名或:new.字段名

- 触发器体内禁止使用 COMMIT、ROLLBACK、SAVEPOINT 语句，也禁止直接或间接地调用含有上述语句的存储过程。

定义一个触发器时要考虑上述多种情况，并根据具体的需要来决定触发器的种类。

9.2.2 DML 触发器的创建

创建 DML 触发器需要 CREATE TRIGGER 系统权限。创建 DML 触发器的语法如下：

```
CREATE [OR REPLACE] TRIGGER 触发器名
{BEFORE|AFTER|INSTEAD OF} 触发事件 1 [OR 触发事件 2…]
ON 表名
WHEN 触发条件
[FOR EACH ROW]
DECLARE
声明部分
BEGIN
主体部分
END;
```

其中：

OR REPLACE：表示如果存在同名触发器，则覆盖原有同名触发器。

BEFORE、AFTER 和 INSTEAD OF：说明触发器的类型。

WHEN 触发条件：表示当该条件满足时，触发器才能执行。

触发事件：指 INSERT、DELETE 或 UPDATE 事件，事件可以并行出现，中间用 OR 连接。

对于 UPDATE 事件，还可以用以下形式表示对某些列的修改会引起触发器的动作：

UPDATE OF 列名 1，列名 2…

ON 表名：表示为哪一个表创建触发器。

FOR EACH ROW：表示触发器为行级触发器，省略则为语句级触发器。

触发器的创建者或具有 DROP ANY TIRGGER 系统权限的人才能删除触发器。删除触发器的语法如下：

DROP TIRGGER 触发器名

可以通过命令设置触发器的可用状态，使其暂时关闭或重新打开，即当触发器暂时不用时，可以将其置成无效状态，在使用时重新打开。该命令语法如下：
    ALTER TRIGGER 触发器名 {DISABLE|ENABLE}
其中，DISABLE 表示使触发器失效，ENABLE 表示使触发器生效。
    同存储过程类似，触发器可以用 SHOW ERRORS 检查编译错误。

9.2.3 行级触发器的应用

在行级触发器中，SQL 语句影响的每一行都会触发一次触发器，所以行级触发器往往用在对表的每一行的操作进行控制的场合。若在触发器定义中出现 FOR EACH ROW 子句，则为语句级触发器。

【训练 1】 创建包含插入、删除、修改多种触发事件的触发器 DML_LOG，对 EMP 表的操作进行记录。用 INSERTING、DELETING、UPDATING 谓词来区别不同的 DML 操作。

在创建触发器之前，需要先创建事件记录表 LOGS，该表用来对操作进行记录。该表的字段含义解释如下：

LOG_ID：操作记录的编号，数值型，它是该表的主键，由序列自动生成。

LOG_TABLE：进行操作的表名，字符型，非空，该表设计成可以由多个触发器共享使用。比如我们可以为 dept 表创建类似的触发器，同样将操作记录到该表。

LOG_DML：操作的动作，即 INSERT、DELETE 或 UPDATE 三种之一。

LOG_KEY_ID：操作时表的主键值，数值型。之所以记录表的主键，是因为主键是表的记录的惟一标识，可以识别是对哪一条记录进行了操作。对于 emp 表，主键是 empno。

LOG_DATE：操作的日期，日期型，取当前的系统时间。

LOG_USER：操作者，字符型，取当时的操作者账户名。比如登录 SCOTT 账户进行操作，在该字段中，记录账户名为 SCOTT。

步骤 1：在 SQL*Plus 中登录 STUDENT 账户，创建如下的记录表 LOGS：
```
CREATE TABLE logs(
LOG_ID NUMBER(10) PRIMARY KEY,
LOG_TABLE VARCHAR2(10) NOT NULL,
LOG_DML VARCHAR2(10),
LOG_KEY_ID NUMBER(10),
LOG_DATE DATE,
LOG_USER VARCHAR2(15)
);
```
执行结果：
表已创建。

步骤 2：创建一个 LOGS 表的主键序列 LOGS_ID_SEQ：
```
CREATE SEQUENCE logs_id_squ INCREMENT BY 1
START WITH 1 MAXVALUE 9999999 NOCYCLE NOCACHE;
```
执行结果：

序列已创建。

步骤 3：创建和编译以下触发器：

```sql
CREATE OR REPLACE TRIGGER DML_LOG
BEFORE --触发时间为操作前
DELETE OR INSERT OR UPDATE -- 由三种事件触发
ON emp
FOR EACH ROW -- 行级触发器
BEGIN
 IF INSERTING THEN
   INSERT INTO logs VALUES(logs_id_squ.NEXTVAL,'EMP','INSERT',:new.empno,SYSDATE,USER);
 ELSIF DELETING THEN
   INSERT INTO logs VALUES(logs_id_squ.NEXTVAL,'EMP','DELETE',:old.empno,SYSDATE,USER);
 ELSE
   INSERT INTO logs VALUES(logs_id_squ.NEXTVAL,'EMP','UPDATE',:new.empno,SYSDATE,USER);
 END IF;
END;
```

执行结果：

触发器已创建

步骤 4：在 EMP 表中插入记录：

```sql
INSERT INTO emp(empno,ename,job,sal) VALUES(8001,'MARY','CLERK',1000);
COMMIT;
```

执行结果：

已创建 1 行。

提交完成。

步骤 5：检查 LOGS 表中记录的信息：

```sql
SELECT * FROM LOGS;
```

执行结果为：

LOG_ID	LOG_TABLE	LOG_DML	LOG_KEY_ID	LOG_DATE	LOG_USER
1	EMP	INSERT	8001	29-3月-04	STUDENT

已选择 1 行。

说明：本例中在 emp 表上创建了一个由 INSERT 或 DELETE 或 UPDATE 事件触发的行级触发器，触发器的名称是 LOG_EMP。对于不同的操作，记录的内容不同。本例中只插入了一条记录，如果用一条不带 WHERE 条件的 UPDATE 语句来修改所有雇员的工资，则将逐行触发触发器。

INSERT、DELETE 和 UPDATE 都能引发触发器动作，在分支语句中使用 INSERTING、DELETING 和 UPDATING 来区别是由哪种操作引发的触发器动作。

在本例的插入动作中，LOG_ID 字段由序列 LOG_ID_SQU 自动填充为 1；LOGS 表 LOG_KEY_ID 字段记录的是新插入记录的主键 8001；LOD_DML 字段记录的是插入动作 INSERT；LOG_TABLE 字段记录当前表名 EMP；LOG_DATE 字段记录插入的时间 04 年 3 月 1 日；LOG_USER 字段记录插入者 STUDENT。

【练习 1】修改、删除刚刚插入的雇员记录，提交后检查 LOGS 表的结果。

【练习 2】为 DEPT 表创建同样的触发器，使用 LOGS 表进行记录，并检验结果。

【训练 2】 创建一个行级触发器 LOG_SAL，记录对职务为 CLERK 的雇员工资的修改，且当修改幅度超过 200 时才进行记录。用 WHEN 条件限定触发器。

在创建触发器之前，需要先创建事件记录表 LOGERR，该表用来对操作进行记录。该表的字段含义解释如下：

NUM：数值型，用于记录序号。

MESSAGE：字符型，用于记录错误信息。

步骤 1：在 SQL*Plus 中登录 STUDENT 账户，创建如下的记录表 LOGERR：

```
CREATE TABLE logerr(
NUM NUMBER(10) NOT NULL,
MESSAGE VARCHAR2(50) NOT NULL
);
```

执行结果：

表已创建。

步骤 2：创建和编译以下触发器：

```
CREATE OR REPLACE TRIGGER log_sal
BEFORE
UPDATE OF sal
ON emp
FOR EACH ROW
WHEN (new.job='CLERK' AND (ABS(new.sal-old.sal)>200))
DECLARE
v_no NUMBER;
BEGIN
 SELECT COUNT(*) INTO v_no FROM logerr;
 INSERT INTO logerr VALUES(v_no+1,'雇员'||:new.ename||'的原工资：'||:old.sal||'新工资：'||:new.sal);
END;
```

执行结果：

触发器已创建。

步骤 3：在 EMP 表中更新记录：

```
UPDATE emp SET sal=sal+550 WHERE empno=7788;
UPDATE emp SET sal=sal+500 WHERE empno=7369;
UPDATE emp SET sal=sal+50 WHERE empno=7876;
```

COMMIT;
执行结果：
已更新 1 行。
已更新 1 行。
已更新 1 行。
提交完成。
步骤 4：检查 LOGSAL 表中记录的信息：
SELECT * FROM logerr;
执行结果为：

```
       NUM MESSAGE
---------- ------------------------------------------------------------
         1 雇员 SMITH 的原工资：800 新工资：1300
```

已选择 1 行。

说明：本例中，在 emp 表的 sal 列上创建了一个由 UPDATE 事件触发的行级触发器，触发器的名称是 LOG_SAL。该触发器由 WHEN 语句限定，只有当被修改工资的雇员职务为 CLERK，且修改的工资超过 200 时才进行触发，否则不进行触发。

所以在验证过程中，虽然修改了 3 条记录，但通过查询语句发现：第一条修改语句修改编号为 7788 的 SCOTT 记录，因为 SCOTT 的职务是 ANALYST，不符合 WHEN 条件，没有引起触发器动作；第二条修改语句修改编号为 7369 的 SMITH 的记录，职务为 CLERK，因为增加的工资(500)超过了 200，所以引起触发器动作，并在 LOGERR 表中进行了记录；第三条修改语句修改编号为 7876 的雇员 ADAMS 的记录，虽然 ADAMS 的职务为 CLERK，但修改的工资(50)没有超过 200，所以没有引起触发器动作。

注意：在 WHEN 条件中引用 new 和 old 不需要在前面加 "："。

在以上实例中，记录了对工资的修改超出范围的信息，但没有限制对工资的修改。那么当对雇员工资的修改幅度不满足条件时，能否直接限制对工资的修改呢？答案是肯定的。

【**训练 3**】 创建触发器 CHECK_SAL，当对职务为 CLERK 的雇员的工资修改超出 500 至 2000 的范围时，进行限制。

步骤 1：创建和编译以下触发器：

```
CREATE OR REPLACE TRIGGER CHECK_SAL
BEFORE
UPDATE
ON emp
FOR EACH ROW
BEGIN
 IF :new.job='CLERK' AND (:new.sal<500 OR :new.sal>2000) THEN
   RAISE_APPLICATION_ERROR(-20001,'工资修改超出范围,操作取消！');
 END IF;
END;
```

执行结果:
触发器已创建。

步骤2: 在EMP表中插入记录:
UPDATE emp SET sal=800 WHERE empno=7876;
UPDATE emp SET sal=450 WHERE empno=7876;
COMMIT;

执行结果:
UPDATE emp SET sal=450 WHERE empno=7876
                                       *
ERROR 位于第 1 行:
ORA-20001: 工资修改超出范围,操作取消!
ORA-06512: 在"STUDENT.CHECK_SAL", line 3
ORA-04088: 触发器 'STUDENT.CHECK_SAL' 执行过程中出错
提交完成。

步骤3: 检查工资的修改结果:
SELECT empno,ename,job,sal FROM emp WHERE empno=7876;
执行结果为:

EMPNO	ENAME	JOB	SAL
7876	ADAMS	CLERK	800

说明: 在触发器中,当IF语句的条件满足时,即对职务为CLERK的雇员工资的修改超出指定范围时,用RAISE_APPLICATION_ERROR语句来定义一个临时定义的异常,并立即引发异常。由于触发器是BEFORE类型,因此触发器先执行,触发器因异常而终止,SQL语句的执行就会取消。

通过步骤2的执行信息可以看到,第一条语句修改编号为7876的雇员ADAMS的工资为800,成功执行。第二条语句修改雇员ADAMS的工资为450,发生异常,执行失败。这样就阻止了不符合条件的工资的修改。通过步骤3的查询可以看到,雇员ADAMS最后的工资是800,即发生异常之前的修改结果。

【练习3】限定对emp表的修改,只能修改部门10的雇员工资。

【训练4】 创建一个行级触发器CASCADE_UPDATE,当修改部门编号时,EMP表的相关行的部门编号也自动修改。该触发器称为级联修改触发器。

步骤1: 创建和编译以下触发器:
CREATE TRIGGER CASCADE_UPDATE
AFTER
UPDATE OF deptno
ON DEPT
FOR EACH ROW
BEGIN
　UPDATE EMP SET EMP.DEPTNO=:NEW.DEPTNO

```
  WHERE EMP.DEPTNO=:OLD.DEPTNO;
END;
```
执行结果:

触发器已创建

步骤 2：验证触发器：

```
UPDATE dept SET deptno=11 WHERE deptno=10;
COMMIT;
```

执行结果:

已更新 1 行。

执行查询:

```
SELECT empno,ename,deptno FROM emp;
```

执行结果:

EMPNO	ENAME	DEPTNO
7369	SMITH	20
7499	ALLEN	30
7521	WARD	30
7566	JONES	20
7654	MARTIN	30
7698	BLAKE	30
7782	CLARK	11
7839	KING	11
7844	TURNER	30
7876	ADAMS	20
7900	JAMES	30
7902	FORD	20
7934	MILLER	11
7788	SCOTT	20

说明：通过检查雇员的部门编号，发现原来编号为 10 的部门编号被修改为 11。

本例中的 UPDATE OF deptno 表示只有在修改表的 DEPTNO 列时才引发触发器，对其他列的修改不会引起触发器的动作。在触发器中，对雇员表的部门编号与修改之前的部门编号一样的雇员，修改其部门编号为新的部门编号。注意，在语句中同时用到了 :new 和 :old 来引用修改部门编号前后的部门编号。

【练习 4】建立级联删除触发器 CASCADE_DELETE，当删除部门时，级联删除 EMP 表的雇员记录。

利用触发器还可以修改数据。

【训练 5】　将插入的雇员的名字变成以大写字母开头。

步骤 1：创建和编译以下触发器：

```
CREATE OR REPLACE TRIGGER INITCAP
```

```
BEFORE INSERT
ON EMP
FOR EACH ROW
BEGIN
  :new.ename:=INITCAP(:new.ename);
END;
```
执行结果:

触发器已创建。

步骤 2: 验证运行结果:

`INSERT INTO emp(empno,ename,job,sal) VALUES(1000,'BILL','CLERK',1500);`

执行结果:

已创建 1 行。

执行查询:

`SELECT ename,job,sal FROM emp WHERE empno=1000;`

执行结果:

ENAME	JOB	SAL
Bill	CLERK	1500

说明: 在本例中,通过直接为:new.ename 进行赋值,修改了插入的值,但是这种用法只能在 BEFORE 型触发器中使用。验证结果为,在插入语句中雇员名称为大写的 BILL,查询结果中雇员名称已经转换成以大写开头的 Bill。

【练习 5】限定一次对雇员的工资修改不超过原工资的 10%。

9.2.4 语句级触发器的应用

同行级触发器不同,语句级触发器的每个操作语句不管操作的行数是多少,只触发一次触发器,所以语句级触发器适合于对整个表的操作权限等进行控制。在触发器定义中若省略 FOR EACH ROW 子句,则为语句级触发器。

【训练 1】 创建一个语句级触发器 CHECK_TIME,限定对表 EMP 的修改时间为周一至周五的早 8 点至晚 5 点。

步骤 1: 创建和编译以下触发器:

```
CREATE OR REPLACE TRIGGER CHECK_TIME
BEFORE
UPDATE OR INSERT OR DELETE
ON EMP
BEGIN
  IF (TO_CHAR(SYSDATE,'DY') IN ('SAT','SUN'))
  OR TO_CHAR(SYSDATE,'HH24')< '08'
  OR TO_CHAR(SYSDATE,'HH24')>='17' THEN
```

```
    RAISE_APPLICATION_ERROR(-20500,'非法时间修改表错误！');
   END IF;
END;
```
执行结果：

触发器已创建。

步骤2：当前时间为18点50分，在EMP表中插入记录：

`UPDATE EMP SET SAL=3000 WHERE EMPNO=7369;`

显示结果为：

UPDATE EMP SET SAL=3000 WHERE EMPNO=7369
                                        *
ERROR 位于第 1 行：
ORA-20500: 非法时间修改表错误！
ORA-06512: 在"STUDENT.CHECK_TIME", line 5
ORA-04088: 触发器 'STUDENT.CHECK_TIME' 执行过程中出错

说明：通过引发异常限制对数据库进行的插入、删除和修改操作的时间。SYSDATE用来获取系统当前时间，并按不同的格式字符串进行转换。"DY"表示获取英文表示的星期简写，"HH24"表示获取24小时制时间的小时。

当在18点50分修改表中的数据时，由于时间在8点至17点(晚5点)之外，所以产生"非法时间修改表错误"的用户自定义错误，修改操作终止。

【练习1】设计一个语句级触发器，限定只能对数据库进行修改操作，不能对数据库进行插入和删除操作。在需要进行插入和删除时，将触发器设置为无效状态，完成后重新设置为生效状态。

9.3 数据库事件触发器

数据库事件触发器有数据库级和模式级两种。前者定义在整个数据库上，触发事件是数据库事件，如数据库的启动、关闭，对数据库的登录或退出。后者定义在模式上，触发事件包括模式用户的登录或退出，或对数据库对象的创建和修改(DDL事件)。

数据库事件触发器的触发事件的种类和级别如表9-3所示。

表9-3 数据库事件触发器的触发事件

种 类	关 键 字	说 明
模式级	CREATE	在创建新对象时触发
	ALTER	修改数据库或数据库对象时触发
	DROP	删除对象时触发
数据库级	STARTUP	数据库打开时触发
	SHUTDOWN	在使用NORMAL或IMMEDIATE选项关闭数据库时触发
	SERVERERROR	发生服务器错误时触发
数据库级与模式级	LOGON	当用户连接到数据库，建立会话时触发
	LOGOFF	当会话从数据库中断开时触发

9.3.1 定义数据库事件和模式事件触发器

创建数据库级触发器需要 ADMINISTER DATABASE TRIGGER 系统权限，一般只有系统管理员拥有该权限。

对于模式级触发器，为自己的模式创建触发器需要 CREATE TRIGGER 权限，如果是为其他模式创建触发器，需要 CREATE ANY TRIGGER 权限。

数据库事件和模式事件触发器的创建语法与 DML 触发器的创建语法类似。数据库事件或模式事件触发器的创建语法如下：

```
CREATE [OR REPLACE] TRIGGER 触发器名
{BEFORE|AFTER }
{DDL 事件 1 [DDL 事件 2…]| 数据库事件 1 [数据库事件 2…]}
ON {DATABASE| [模式名.]SCHEMA }
[WHEN (条件)]
DECLARE
    声明部分
BEGIN
    主体部分
END;
```

其中：DATABASE 表示创建数据库级触发器，数据库级要给出数据库事件；SCHEMA 表示创建模式级触发器，模式级要给出模式事件或 DDL 事件。

在数据库事件触发器中，可以使用如表 9-4 所示的一些事件属性。不同类型的触发器可以使用的事件属性有所不同。

表 9-4 数据库事件属性

属 性	适用触发器类型	说 明
Sys.sysevent	所有类型	返回触发器触发事件字符串
Sys.instance_num	所有类型	返回 Oracle 实例号
Sys.database_name	所有类型	返回数据库名字
Sys.server_error(stack_position)	SERVERERROR	从错误堆栈指定位置返回错误号，参数为 1 表示最近的错误
Is_servererror(error_number)	SERVERERROR	判断堆栈中是否有参数指定的错误号
Sys.login_user	所有类型	返回导致触发器触发的用户名
Sys.dictionary_obj_type	CREATE、ALTER、DROP	返回 DDL 触发器触发时涉及的对象类型
Sys. dictionary_obj_name	CREATE、ALTER、DROP	返回 DDL 触发器触发时涉及的对象名称
Sys.des_encrypted_password	CREATE、ALTER、DROP	创建或修改用户时，返回加密后的用户密码

在触发器程序体中，可以像变量一样引用这些属性来获得相关信息。

9.3.2 数据库事件触发器

下面是一个综合的数据库事件触发器练习。先为STUDENT账户授予创建数据库事件触发器的权限，ADMINISTER DATABASE TRIGGER，然后创建有关的表和触发器，最后予以验证。

【训练1】 创建触发器，对本次数据库启动以来的用户登录时间进行记录，每次数据库启动后，先清空该表。

步骤1：创建登录事件记录表：

```
CREATE TABLE userlog (
USERNAME VARCHAR2(20),
LOGON_TIME DATE);
```

执行结果：

表已创建。

步骤2：创建数据库 STARTUP 事件触发器：

```
CREATE OR REPLACE TRIGGER INIT_LOGON
AFTER
STARTUP
ON DATABASE
BEGIN
  DELETE FROM userlog;
END;
```

执行结果：

触发器已创建。

步骤3：创建数据库 LOGON 事件触发器：

```
CREATE OR REPLACE TRIGGER DATABASE_LOGON
AFTER
LOGON
ON DATABASE
BEGIN
  INSERT INTO userlog
  VALUES(sys.login_user,sysdate);
END;
```

执行结果：

触发器已创建。

步骤4：验证 DATABASE_LOGON 触发器：

```
CONNECT SCOTT/TIGER@MYDB;
CONNECT STUDENT/STUDENT@MYDB;
```

执行结果：

已连接。

已连接。
执行查询:
SELECT username,TO_CHAR(logon_time,'YYYY/MM/DD HH24:MI:SS') FROM userlog;
执行结果:

USERNAME	TO_CHAR(LOGON_TIME,
SCOTT	2004/03/29 22:42:20
STUDENT	2004/03/29 22:42:20

步骤 5:验证 INIT_LOGON 触发器。
重新启动数据库,登录 STUDENT 账户:
SELECT username,TO_CHAR(logon_time,'YYYY/MM/DD HH24:MI:SS') FROM userlog;
执行结果:

USERNAME	TO_CHAR(LOGON_TIME,
STUDENT	2004/03/29 22:43:59

已选择 1 行

说明:本例中共创建了两个数据库级事件触发器。DATABASE_LOGON 在用户登录时触发,向表 userlog 中增加一条记录,记录登录用户名和登录时间。INIT_LOGON 在数据库启动时触发,清除 userlog 表中记录的数据。所以当数据库重新启动后,重新登录 STUDENT 账户,此时 userlog 表中只有一条记录。

【训练 2】 创建 STUDENT_LOGON 模式级触发器,专门记录 STUDENT 账户的登录时间:

```
CREATE OR REPLACE TRIGGER STUDENT_LOGON
AFTER
LOGON ON STUDENT.SCHEMA
BEGIN
 INSERT INTO userlog
 VALUES(sys.login_user,sysdate);
END;
```

执行结果:
触发器已创建。

说明:为当前模式创建触发器,可以省略 SCHEMA 前面的模式名。
【练习 1】修改 DATABASE_LOGON 触发器和 userlog 表,增加对退出时间的记录。

9.4 DDL 事件触发器

【训练 1】 通过触发器阻止对 emp 表的删除。

步骤 1：创建 DDL 触发器：
```
CREATE OR REPLACE TRIGGER NODROP_EMP
 BEFORE
 DROP ON SCHEMA
BEGIN
 IF Sys.Dictionary_obj_name='EMP' THEN
   RAISE_APPLICATION_ERROR(-20005,'错误信息：不能删除 emp 表！');
 END IF;
END;
```
执行结果：

触发器已创建。

步骤 2：通过删除 emp 表验证触发器：

DROP TABLE emp;

执行结果：

DROP TABLE emp

*

ERROR 位于第 1 行：

ORA-00604: 递归 SQL 层 1 出现错误

ORA-20005: 错误信息：不能删除 emp 表！

ORA-06512: 在 line 3

说明：该触发器阻止在当前模式下对 emp 表的删除，但不阻止删除其他对象。Sys.Dictionary_obj_name 属性返回要删除的对象名称。

9.5 替代触发器

替代(INSTEAD OF)触发器只能创建在视图上，用来替换对视图进行的插入、删除和修改操作。特别是对不能进行修改的视图，该特性很有用处。替代触发器类似于行级触发器，两者在语法上有一些差别。

替代触发器用 INSTEAD OF 关键字替代行级触发器中 BEFORE 或 AFTER。

通过下面的练习说明该触发器的用法。

【训练 1】 在 emp 表的视图上，通过触发器修改 emp 表。

步骤 1：创建视图 emp_name：

CREATE VIEW emp_name AS SELECT ename FROM emp;

执行结果：

视图已建立。

步骤 1：创建替代触发器：

CREATE OR REPLACE TRIGGER change_name

INSTEAD OF INSERT ON emp_name
DECLARE
　V_EMPNO NUMBER(4);
BEGIN
　SELECT MAX(EMPNO)+1 INTO V_EMPNO FROM EMP;
　INSERT INTO emp(empno,ename)
　VALUES(V_EMPNO,:new.ename);
END;
执行结果：
触发器已创建。
步骤2：向emp_name视图插入记录：
INSERT INTO emp_name VALUES('BROWN');
COMMIT;
执行结果：
已创建 1 行。
提交完成。

说明：向视图直接插入雇员名将会发生错误，因为emp表的雇员编号列不允许为空。通过创建替代触发器，将向视图插入雇员名称转换为向emp表插入雇员编号和雇员名称，雇员编号取当前的最大雇员编号加1。试检查emp表的雇员列表。

【训练2】 在emp表的视图emp_name上，通过触发器阻止对emp表的删除。
步骤1：阻止通过视图删除雇员，并显示用户自定义错误信息：
CREATE OR REPLACE TRIGGER delete_from_ename
　INSTEAD OF DELETE ON emp_name
BEGIN
　　RAISE_APPLICATION_ERROR(-20006,'错误信息：不能在视图中删除emp表的雇员！');
END;
执行结果：
触发器已创建。
步骤2：通过对视图进行删除来验证触发器：
DELETE FROM emp_name;
执行结果：
DELETE FROM emp_name
　　　　　　*
ERROR 位于第 1 行:
ORA-20006: 错误信息：不能在视图中删除emp表的雇员！
ORA-06512: 在"STUDENT.DELETE_FROM_ENAME", line 2
ORA-04088: 触发器 'STUDENT.DELETE_FROM_ENAME' 执行过程中出错

说明：可以通过视图 emp_name 对雇员进行删除，比如执行 DELETE FROM emp_name 语句将删除雇员表的全部雇员。但是由于在 emp_name 视图中只能看到一部分雇员信息，所以删除可能会产生误操作。通过定义一个替代触发器，可阻止通过 emp_name 视图对 emp 表雇员进行删除，但不阻止直接对 emp 表进行删除。

9.6 查看触发器

USER_TRIGGER 视图中存放了用户触发器的一些信息，可以通过查询该视图获得触发器的定义信息和状态。

【训练1】 显示触发器 CHECK_TIME 的体部分：
SELECT TRIGGER_BODY FROM USER_TRIGGERS WHERE TRIGGER_NAME='CHECK_TIME';
结果为：
TRIGGER_BODY

BEGIN
 IF (TO_CHAR(SYSDATE,'DY') IN ('SAT','SUN'))
 OR TO_CHAR(SYSDATE,'HH24')<

TRIGGER_BODY 字段为 LONG 类型，只显示出脚本的一部分内容。

9.7 阶段训练

可以通过创建触发器完成对表的同步复制，当对表进行插入、删除和修改时，将引发触发器动作进行同步操作，操作是由触发器自动进行的。这种方法可以将表同步复制到本账户的不同表中，或同步复制到不同的账户甚至远程账户的表中。以下面的 STUDENT 账户为例，将 emp 表的数据同步复制到 employee 表中。在创建触发器之前，先要创建 emp 表的复本 employee 表。

【训练1】 创建触发器，进行表的同步复制。
步骤1：创建 emp 表的复本 employee：
CREATE TABLE employee AS SELECT * FROM emp;
执行结果：
表已创建。
步骤2：创建和编译以下触发器：
CREATE OR REPLACE TRIGGER DUPLICATE_EMP
AFTER
UPDATE OR INSERT OR DELETE

```
  ON EMP
  FOR EACH ROW
  BEGIN
   IF INSERTING THEN
    INSERT INTO employee
    VALUES(:new.empno,:new.ename,:new.job,:new.mgr,
           :new.hiredate,:new.sal,:new.comm,:new.deptno);
   ELSIF DELETING THEN
    DELETE FROM employee
    WHERE empno=:old.empno;
   ELSE
    UPDATE employee SET
     empno=:new.empno,
     ename=:new.ename,
     job=:new.job,
     mgr=:new.mgr,
     hiredate=:new.hiredate,
     sal=:new.sal,
     comm=:new.comm,
     deptno=:new.deptno
    WHERE empno=:old.empno;
   END IF;
  END;
```

执行结果：

触发器已创建。

步骤3：对emp表进行插入、删除和更新：

```
DELETE FROM emp WHERE empno=7934;
INSERT INTO emp(empno,ename,job,sal) VALUES(8888,'ROBERT','ANALYST',2900);
UPDATE emp SET sal=3900 WHERE empno=7788;
COMMIT;
```

执行结果：

已删除 1 行。

已创建 1 行。

已更新 1 行。

提交完成。

步骤4：检查emp表和employee表中被插入、删除和更新的雇员。

运行结果略，请自行验证。

说明：在触发器中判断触发事件，根据不同的事件对employee表进行不同的操作。

【练习 1】创建一个 emp 表的触发器 EMP_TOTAL，每当向雇员表插入、删除或更新雇员信息时，将新的统计信息存入统计表 EMPTOTAL，使统计表总能够反映最新的统计信息。

统计表是记录各部门雇员总人数、总工资的统计表，结构如下：

部门编号 number(2)
总人数 number(5)
总工资 number(10,2)

9.8 练　习

1. 下列有关触发器和存储过程的描述，正确的是：
   A. 两者都可以传递参数
   B. 两者都可以被其他程序调用
   C. 两种模块中都可以包含数据库事务语句
   D. 两者创建的系统权限不同
2. 下列事件，属于 DDL 事件的是：
   A. INSERT　　　　　　　　B. LOGON
   C. DROP　　　　　　　　　D. SERVERERROR
3. 假定在一个表上同时定义了行级和语句级触发器，在一次触发当中，下列说法正确的是：
   A. 语句级触发器只执行一次
   B. 语句级触发器先于行级触发器执行
   C. 行级触发器先于语句级触发器执行
   D. 行级触发器对表的每一行都会执行一次
4. 有关行级触发器的伪记录，下列说法正确的是：
   A. INSERT 事件触发器中，可以使用:old 伪记录。
   B. DELETE 事件触发器中，可以使用:new 伪记录。
   C. UPDATA 事件触发器中，只能使用:new 伪记录。
   D. UPDATA 事件触发器中，可以使用:old 伪记录。
5. 下列有关替代触发器的描述，正确的是：
   A. 替代触发器创建在表上
   B. 替代触发器创建在数据库上
   C. 通过替代触发器可以向基表插入数据
   D. 通过替代触发器可以向视图插入数据

第 10 章 数据库开发应用实例

本章通过具体的数据库系统的设计和实现，综合运用本教材的知识，来实现一个复杂而又有代表性的数据库应用系统——"高校招生录取系统"。这一开发实例对理解 Oracle 数据库系统的设计和编程有很好的示范作用。读者通过本实例也可以对学过的知识进行复习。

【本章要点】
- ◆ 数据库系统的分析。
- ◆ 表和视图的设计和数据完整性。
- ◆ 存储过程、函数和触发器的设计和实现。
- ◆ 查询的应用。
- ◆ 其他数据库对象的应用。

10.1 系统分析和准备

我们先给出系统的分析和设计过程，依据本节的分析和设计，在后面的各节中给出系统实现的过程。

10.1.1 概述

通过计算机完成高等院校的招生录取工作，是一个复杂而又有代表性的数据库应用。其中涉及到大量考生和院校数据的录入、整理、存储以及由数据库应用程序来实现录取过程的自动化等工作。因为在校学生对高考录取过程都有一定程度的了解，所以我们选用这一项目来达到综合运用 Oracle 数据库的训练目的。因为这个系统比较复杂，所以我们通过设计和实现一个简化的"招生录取系统"来模拟招生录取的过程。系统首先要建立合理的数据结构和关系，并输入必要的基本数据，然后根据院校的招生要求和学生填报的志愿，实现对符合要求的考生的录取。通过对这一过程的模拟，我们可以比较全面地应用前面所学的知识和技能，并提高使用 Oracle 数据库技术解决实际问题的能力。

10.1.2 基本需求分析

先来做一个简单的需求分析。高考招生和录取工作，一般是由招生部门和院校合作完成的。招生部门和院校是该应用程序的使用者。该应用程序为考生只提供一些简单的查询功能。

1. 院校

院校应提供招生的要求，如招生的人数、最低录取分数线以及对考生的其他条件的限制。

院校需要在录取结束后查询院校的录取名单。

2. 招生部门

招生部门要收集和整理考生信息，建立考生信息库和院校信息库。考生信息库用于存取考生的基本信息，包括考生的高考成绩和报考志愿；院校信息库用于存取院校的基本信息和招生信息。

招生部门通过数据库中的院校信息和考生信息，由相应的数据库应用程序来完成一系列的数据加工处理过程，其中最主要的就是投档录取过程。所谓投档，就是把满足院校要求的考生档案信息发送给院校，由院校审查档案后决定考生的录取与否。为了简化录取过程，我们由系统投档程序来完成考生的录取工作，一旦考生满足院校招生条件，即视为被录取。被录取的考生，在数据库中要标识成录取状态，并记录录取院校的信息，在院校信息库中要回填录取人数的有关信息。

在录取过程中或录取结束后，招生部门要进行查询和统计，主要是在录取结束后统计所有院校的招生情况。

3. 考生

考生在录取过程中需要查询其高考分数和录取状态。

10.1.3 功能分析设计

系统完成的主要功能有数据录入、投档和查询统计。

1. 数据录入

数据录入要完成院校和学生信息表的数据输入及修改工作。

在本系统中，为了完成录取的模拟，可以虚拟10所院校，给出院校的基本信息和招生要求；虚拟至少50名考生，给出考生的基本信息以及考试成绩，并为每个考生填报2个院校志愿(一志愿和二志愿)。为了简化数据录入，可直接由 SQL 语句或其他工具完成，比如可以使用 TOAD 软件来完成。

2. 投档过程

招生录取的原则是：一志愿要求优先录取，一志愿全部录取完毕后，才能开始二志愿的录取；二志愿录取对没有达到计划招生人数的院校进行补充录取。

根据以上原则，投档可分为一志愿投档和二志愿投档。一志愿投档是根据院校编号完成对一个学校的一志愿投档的；二志愿投档是根据院校编号完成对一个学校的二志愿投档的，二志愿投档应该在一志愿投档完成以后进行。一次完成全部院校的投档称为自动投档。自动投档一次完成对所有院校的一志愿或二志愿投档。如果使用自动投档，只需为一志愿和二志愿分别投档一次，即完成投档过程。作为补充，可以设计一个调剂投档功能，对一、二志愿没有被录取的考生，如果存在没有招满的院校，补充录取同意调剂的考生。

由于投档要多次进行，因此可由存储过程来完成。

3. 查询统计

在投档过程中或投档结束之后,根据院校编号显示院校的录取结果,即录取考生按分数排序的名单,同时应该显示考生的分数、录取的志愿等信息。

在录取结束之后,按院校的录取平均分数排名,显示所有院校的招生统计信息。

10.1.4 开发账户的创建和授权

在开发之前,要为新的应用创建模式账户,并授予必要的权限,以便创建表和其他数据库对象。为了能够创建账户和授权,必须使用具有足够权限的管理账户,可使用系统管理员账户来创建新的应用账户。

参见第 1 章中创建 STUDENT 账户的过程,在 users 表空间上创建开发账户,增加一些权限。如果该账户已经存在,则只需补充一些系统权限即可。

步骤 1:创建账户:

CREATE USER STUDENT IDENTIFIED BY STUDENT DEFAULT TABLESPACE USERS;

步骤 2:授予用户权限。

连接数据库权限:

GRANT CONNECT TO STUDENT;

创建表权限:

GRANT CREATE TABLE TO STUDENT;

创建视图权限:

GRANT CREATE VIEW TO STUDENT;

创建序列权限:

GRANT CREATE SEQUENCE TO STUDENT;

创建同义词权限:

GRANT CREATE SYNONYM TO STUDENT;

创建存储过程、函数权限:

GRANT CREATE PROCEDURE TO STUDENT;

创建触发器权限:

GRANT CREATE TRIGGER TO STUDENT;

表空间使用权限:

GRANT UNLIMITED TABLESPACE TO STUDENT;

步骤 3:使用新账户登录:

CONNECT STUDENT/STUDENT@MYDB;

至此,已经做好了使用 STUDENT 账户进行开发的准备。

10.2 表和视图的设计和实现

招生系统中,院校和考生是两个主要的实体。为简便起见,系统只设计院校和考生两个表,用来存储院校信息和考生信息。必须对院校和考生信息表的结构和完整性进行设计,因为数据结构设计得合理与否,将影响招生录取系统的运行效率。考生信息表和院校信息表之间通过外键建立约束。

完整性包括主键、外键、惟一性、是否可以为空以及其他限定。完整性的作用是保证输入的数据和数据之间关系的正确性。

我们先创建院校信息表,然后创建考生信息表,因为考生表的外键要参照院校表。

10.2.1 院校信息表

1. 院校信息表结构设计

名称:COLLEGE。

字段结构如表 10-1 所示。

表 10-1 院校信息表 COLLEGE 的结构

字段名称	类型	宽度	约束条件	简要说明
院校编号	number	4	主键	院校的编号
院校名称	varchar2	30	不允许为空	院校的名称
录取分数线	number	3	在 300~700 之间	院校最低录取控制分数线
招生人数	number	3	<=10	计划招生总人数
录取人数	number	3	默认初值为 0	已经录取的人数

字段含义说明:

院校编号:为该表的主键,是从 1001 开始的 4 位数。

院校名称:院校的全称,必须填写。

录取分数线:是院校确定的考生最低录取分数线,低于录取分数线的考生不能被录取。

招生人数:是院校计划招生的人数。

录取人数:在某院校录取过程中回填的已经被录取的一、二志愿人数的和。当录取人数等于招生人数时录取结束。

有关数值型数据的范围限定可以通过添加约束条件实现。

2. 表的创建

使用以下脚本创建院校信息表 COLLEGE:

```
CREATE TABLE COLLEGE(
院校编号 NUMBER(4) PRIMARY KEY,
院校名称 VARCHAR2(30) NOT NULL,
录取分数线 NUMBER(3) CHECK(录取分数线 BETWEEN 300 AND 700),
招生人数 NUMBER(3) CHECK(招生人数 <= 10),
录取人数 NUMBER(3) DEFAULT 0
);
```

3. 数据的插入

使用以下脚本插入虚拟的 10 所院校数据:

```
INSERT INTO COLLEGE VALUES(1001,'清华大学',620,5,0);
INSERT INTO COLLEGE VALUES(1002,'北京大学',600,4,0);
INSERT INTO COLLEGE VALUES(1003,'武汉大学',550,6,0);
INSERT INTO COLLEGE VALUES(1004,'华南科技大学',530,3,0);
INSERT INTO COLLEGE VALUES(1005,'复旦大学',580,4,0);
INSERT INTO COLLEGE VALUES(1006,'中山大学',560,5,0);
INSERT INTO COLLEGE VALUES(1007,'华南理工大学',520,4,0);
INSERT INTO COLLEGE VALUES(1008,'暨南大学',510,3,0);
INSERT INTO COLLEGE VALUES(1009,'深圳大学',500,6,0);
INSERT INTO COLLEGE VALUES(1010,'深圳职业技术学院',450,8,0);
COMMIT;
```

说明：以清华大学为例，院校编号为1001，录取分数线为620，招生人数为6，已录取人数初值为0。

注意：插入的数据如果违反约束条件就会发生错误。

4．检查插入的数据

使用以下查询命令检查插入结果：

```
SELECT * FROM college;
```

执行结果略。

10.2.2 学生信息表

1．学生信息表的设计

名称：STUDENT。

字段结构如表10-2所示。

表10-2 学生信息表 STUDENT 的结构

字段名称	类 型	宽度	约束条件	简要说明
编号	number	5	主键	考生的编号
姓名	varchar2	15	不允许为空	考生的姓名
性别	varchar2	1	1-男，2-女	考生的性别编码
总分	number	3	<=700	考生高考总分
同意调剂	varchar2	1	默认为0	是否同意调剂，0-不同意，1-同意
一志愿	number	4	外键，参照COLLEGE表的院校编号	一志愿的院校编号
二志愿	number	4	外键，参照COLLEGE表的院校编号	二志愿的院校编号
录取状态	varchar2	1	默认为0	状态，0-未录取，1-录取
录取院校	number	4	外键，参照COLLEGE表的院校编号	录取院校的编号
录取志愿	varchar2	1	默认为空	表示考生被哪个志愿录取，1-代表一志愿，2-代表二志愿，3-代表调剂
录取日期	data		默认为空	录取的日期
操作人	varchar2	10	默认为空	对考生投档的账户

字段含义说明：

编号：为该表主键，是从 10001 开始的 5 位数值，可以使用序列自动填充。

学生性别：只能是 1 或 2，1 代表男，2 代表女，使用约束条件控制。

总分：为高考的总分数，约束条件是小于等于 700 分，假定满分为 700 分。

同意调剂：默认值为 0，表示不同意调剂，值为 1 代表同意调剂。同意调剂的考生，在一志愿、二志愿录取结束后，可以参加调剂录取。

一志愿：为考生填写的一志愿院校的编号。该字段参照院校表(COLLEGE)的院校编号。

二志愿：为考生填写的二志愿院校的编号。该字段参照院校表(COLLEGE)的院校编号。

录取状态：默认为 0，代表没有录取，录取时改为 1，代表已经录取。

录取院校：默认为空，在录取时填入录取院校的编号。该字段参照院校表(COLLEGE)的院校编号。

录取志愿：为 1、2 或 3，代表考生被录取的志愿，1 代表一志愿录取，2 代表二志愿录取，3 代表通过调剂被录取。

录取日期：默认为空，在考生被录取时，填入系统时间。

操作人：默认为空，在考生被录取时，填入投档账户名。

有关数值型数据的范围限定可以通过添加约束条件实现。

2．表的创建

以下脚本创建考生信息表 STUDENT：

```
CREATE TABLE STUDENT(
编号 NUMBER(5) PRIMARY KEY,
姓名 VARCHAR2(15) NOT NULL,
性别 VARCHAR2(1) CHECK(性别 IN('1','2')),
总分 NUMBER(3) CHECK(总分<=700),
同意调剂 VARCHAR2(1) DEFAULT '0',
一志愿 NUMBER(4),
二志愿 NUMBER(4),
录取状态 VARCHAR2(1) DEFAULT '0',
录取志愿 VARCHAR2(1) DEFAULT NULL CHECK(录取志愿 IN('1','2', '3')),
录取院校 NUMBER(4) DEFAULT NULL,
录取日期 DATE,
操作人 VARCHAR2(10),
CONSTRAINT FK_1 FOREIGN KEY (一志愿) REFERENCES COLLEGE(院校编号),
CONSTRAINT FK_2 FOREIGN KEY (二志愿) REFERENCES COLLEGE(院校编号),
CONSTRAINT FK_3 FOREIGN KEY (录取院校) REFERENCES COLLEGE(院校编号)
);
```

3．数据的插入

在插入数据中使用序列，可自动生成考生编号。

步骤 1：创建序列 STUNO_SQU：

```sql
CREATE SEQUENCE STUNO_SQU
    START WITH 10001
    INCREMENT BY 1
    NOCACHE
    NOCYCLE;
```

步骤 2：使用以下脚本插入 50 名虚拟考生数据：

```sql
INSERT INTO STUDENT(编号,姓名,性别,总分,一志愿,二志愿,同意调剂)
VALUES (STUNO_SQU.NEXTVAL,'陈文政','1',598,1010,1001,'0');
INSERT INTO STUDENT(编号,姓名,性别,总分,一志愿,二志愿,同意调剂)
VALUES(STUNO_SQU.NEXTVAL,'李敏','2',460,1009,1010,'1');
INSERT INTO STUDENT(编号,姓名,性别,总分,一志愿,二志愿,同意调剂)
VALUES(STUNO_SQU.NEXTVAL,'黄宾','1',627,1001,1002,'0');
INSERT INTO STUDENT(编号,姓名,性别,总分,一志愿,二志愿,同意调剂)
VALUES(STUNO_SQU.NEXTVAL,'张晓羽','2',615,1002,1003,'1');
INSERT INTO STUDENT(编号,姓名,性别,总分,一志愿,二志愿,同意调剂)
VALUES(STUNO_SQU.NEXTVAL,'许小猛','1',534,1008,1009,'0');
INSERT INTO STUDENT(编号,姓名,性别,总分,一志愿,二志愿,同意调剂)
VALUES(STUNO_SQU.NEXTVAL,'杨煌','1',555,1005,1007,'0');
INSERT INTO STUDENT(编号,姓名,性别,总分,一志愿,二志愿,同意调剂)
VALUES(STUNO_SQU.NEXTVAL,'陈丽明','2',587,1006,1008,'0');
INSERT INTO STUDENT(编号,姓名,性别,总分,一志愿,二志愿,同意调剂)
VALUES(STUNO_SQU.NEXTVAL,'尹文哲','1',455,1004,1010,'1');
INSERT INTO STUDENT(编号,姓名,性别,总分,一志愿,二志愿,同意调剂)
VALUES(STUNO_SQU.NEXTVAL,'段然','1',325,1010,1006,'1');
INSERT INTO STUDENT(编号,姓名,性别,总分,一志愿,二志愿,同意调剂)
VALUES(STUNO_SQU.NEXTVAL,'袁慧瑶','2',477,1009,1010,'0');

INSERT INTO STUDENT(编号,姓名,性别,总分,一志愿,二志愿,同意调剂)
VALUES(STUNO_SQU.NEXTVAL,'罗卓群','2',367,1003,1008,'1');
INSERT INTO STUDENT(编号,姓名,性别,总分,一志愿,二志愿,同意调剂)
VALUES(STUNO_SQU.NEXTVAL,'张婷','2',665,1001,1009,'0');
INSERT INTO STUDENT(编号,姓名,性别,总分,一志愿,二志愿,同意调剂)
VALUES(STUNO_SQU.NEXTVAL,'李婷','2',585,1002,1003,'1');
INSERT INTO STUDENT(编号,姓名,性别,总分,一志愿,二志愿,同意调剂)
VALUES( STUNO_SQU.NEXTVAL,'林树金','1', 600,1005,1006,'1');
INSERT INTO STUDENT(编号,姓名,性别,总分,一志愿,二志愿,同意调剂)
VALUES(STUNO_SQU.NEXTVAL,'吴岳','2',525,1009,1010,'0');
INSERT INTO STUDENT(编号,姓名,性别,总分,一志愿,二志愿,同意调剂)
VALUES(STUNO_SQU.NEXTVAL,'周易','2',485,1010,1009,'0');
```

```sql
INSERT INTO STUDENT(编号,姓名,性别,总分,一志愿,二志愿,同意调剂)
VALUES(STUNO_SQU.NEXTVAL,'罗惯通','1',585,1007,1008,'1');
INSERT INTO STUDENT(编号,姓名,性别,总分,一志愿,二志愿,同意调剂)
VALUES(STUNO_SQU.NEXTVAL,'石海林','2',555,1005,1009,'0');
INSERT INTO STUDENT(编号,姓名,性别,总分,一志愿,二志愿,同意调剂)
VALUES(STUNO_SQU.NEXTVAL,'李旋','2',595,1002,1004,'1');
INSERT INTO STUDENT(编号,姓名,性别,总分,一志愿,二志愿,同意调剂)
VALUES(STUNO_SQU.NEXTVAL,'张建锋','1',688,1001,1002,'0');

INSERT INTO STUDENT(编号,姓名,性别,总分,一志愿,二志愿,同意调剂)
VALUES(STUNO_SQU.NEXTVAL,'何健飞','1',689,1001,1002,'0');
INSERT INTO STUDENT(编号,姓名,性别,总分,一志愿,二志愿,同意调剂)
VALUES( STUNO_SQU.NEXTVAL, '徐子钊','1', 600,1001,1003,'0');
INSERT INTO STUDENT(编号,姓名,性别,总分,一志愿,二志愿,同意调剂)
VALUES( STUNO_SQU.NEXTVAL, '张庆旭','1', 490,1008,1010,'1');
INSERT INTO STUDENT(编号,姓名,性别,总分,一志愿,二志愿,同意调剂)
VALUES( STUNO_SQU.NEXTVAL, '张蜡','1', 502,1008,1009,'1');
INSERT INTO STUDENT(编号,姓名,性别,总分,一志愿,二志愿,同意调剂)
VALUES( STUNO_SQU.NEXTVAL, '李香','2', 600,1003,1004,'0');
INSERT INTO STUDENT(编号,姓名,性别,总分,一志愿,二志愿,同意调剂)
VALUES( STUNO_SQU.NEXTVAL, '陈衬欢','2', 300,1009,1010,'0');
INSERT INTO STUDENT(编号,姓名,性别,总分,一志愿,二志愿,同意调剂)
VALUES( STUNO_SQU.NEXTVAL, '胡笛','2', 610,1001,1002,'1');
INSERT INTO STUDENT(编号,姓名,性别,总分,一志愿,二志愿,同意调剂)
VALUES( STUNO_SQU.NEXTVAL, '舒娜','2', 560,1003,1004,'0');
INSERT INTO STUDENT(编号,姓名,性别,总分,一志愿,二志愿,同意调剂)
VALUES( STUNO_SQU.NEXTVAL, '普伟','1', 519,1004,1009,'1');
INSERT INTO STUDENT(编号,姓名,性别,总分,一志愿,二志愿,同意调剂)
VALUES( STUNO_SQU.NEXTVAL, '国丹丹','2', 415,1009,1010,'0');

INSERT INTO STUDENT(编号,姓名,性别,总分,一志愿,二志愿,同意调剂)
VALUES( STUNO_SQU.NEXTVAL, '李冠军','1', 610,1005,1007,'0');
INSERT INTO STUDENT(编号,姓名,性别,总分,一志愿,二志愿,同意调剂)
VALUES( STUNO_SQU.NEXTVAL, '郭亚军','1', 588,1004,1006,'0');
INSERT INTO STUDENT(编号,姓名,性别,总分,一志愿,二志愿,同意调剂)
VALUES( STUNO_SQU.NEXTVAL, '陈兵','1', 498,1010,1008,'1');
INSERT INTO STUDENT(编号,姓名,性别,总分,一志愿,二志愿,同意调剂)
VALUES( STUNO_SQU.NEXTVAL, '洪智力','1', 378,1003,1005,'1');
INSERT INTO STUDENT(编号,姓名,性别,总分,一志愿,二志愿,同意调剂)
```

```
VALUES( STUNO_SQU.NEXTVAL,'李丽','2', 609,1002,1006,'0');
INSERT INTO STUDENT(编号,姓名,性别,总分,一志愿,二志愿,同意调剂)
VALUES( STUNO_SQU.NEXTVAL, '吴子俊','1', 600,1002,1005,'1');
INSERT INTO STUDENT(编号,姓名,性别,总分,一志愿,二志愿,同意调剂)
VALUES( STUNO_SQU.NEXTVAL, '黄炎炎','1', 507,1009,1008,'0');
INSERT INTO STUDENT(编号,姓名,性别,总分,一志愿,二志愿,同意调剂)
VALUES( STUNO_SQU.NEXTVAL, '黄源源','2', 540,1008,1010,'1');
INSERT INTO STUDENT(编号,姓名,性别,总分,一志愿,二志愿,同意调剂)
VALUES( STUNO_SQU.NEXTVAL, '曹万吉','2', 617,1003,1004,'0');
INSERT INTO STUDENT(编号,姓名,性别,总分,一志愿,二志愿,同意调剂)
VALUES( STUNO_SQU.NEXTVAL, '谢敏','2', 348,1005,1006,'1');

INSERT INTO STUDENT(编号,姓名,性别,总分,一志愿,二志愿,同意调剂)
VALUES( STUNO_SQU.NEXTVAL, '林晨曦','1', 532,1007,1008,'1');
INSERT INTO STUDENT(编号,姓名,性别,总分,一志愿,二志愿,同意调剂)
VALUES( STUNO_SQU.NEXTVAL, '邓树林','2', 485,1002,1009,'0');
INSERT INTO STUDENT(编号,姓名,性别,总分,一志愿,二志愿,同意调剂)
VALUES( STUNO_SQU.NEXTVAL, '邱雨林','2', 608,1006,1008,'0');
INSERT INTO STUDENT(编号,姓名,性别,总分,一志愿,二志愿,同意调剂)
VALUES( STUNO_SQU.NEXTVAL, '唐文文','1', 582,1008,1009,'0');
INSERT INTO STUDENT(编号,姓名,性别,总分,一志愿,二志愿,同意调剂)
VALUES( STUNO_SQU.NEXTVAL, '张韦','2', 555,1005,1007,'1');
INSERT INTO STUDENT(编号,姓名,性别,总分,一志愿,二志愿,同意调剂)
VALUES( STUNO_SQU.NEXTVAL, '胡月','2', 557,1007,1009,'1');
INSERT INTO STUDENT(编号,姓名,性别,总分,一志愿,二志愿,同意调剂)
VALUES( STUNO_SQU.NEXTVAL, '高飞云','2', 540,1005,1006,'0');
INSERT INTO STUDENT(编号,姓名,性别,总分,一志愿,二志愿,同意调剂)
VALUES( STUNO_SQU.NEXTVAL, '陆文浩','1', 550,1006,1010,'1');
INSERT INTO STUDENT(编号,姓名,性别,总分,一志愿,二志愿,同意调剂)
VALUES( STUNO_SQU.NEXTVAL, '孙庆','2', 630,1001,1002,'1');
INSERT INTO STUDENT(编号,姓名,性别,总分,一志愿,二志愿,同意调剂)
VALUES( STUNO_SQU.NEXTVAL, '王聪','1', 605,1003,1004,'0');
COMMIT;
```

说明：以第二个考生为例：编号由序列生成，为10002；姓名李敏；性别为2，表示女；总分460；一志愿1009，即深圳大学；二志愿1010，即深圳职业技术学院。其他字段取默认值。参照表10-2，则录取状态默认为0，表示未录取。

注意：插入的数据如果违反约束条件就会发生错误。

经检查发现考生10045的成绩输入错误，不是555而应该为553，通过以下查询予以修改。

```
UPDATE STDUENT SET 总分=553 WHERE 编号=10045;
COMMIT;
```
执行结果:
已更新 1 行。
提交完成。

4. 检查插入的数据
使用以下查询检查插入的数据:
```
SELECT * from STUDENT
```
执行结果略。

5. 通过联合查询检查考生的志愿
由于填报志愿时,考生信息表中填写的是院校编号,需要通过相等连接才能显示院校名称。以一志愿为例,显示考生姓名和报考的一志愿院校名称:
```
SELECT 姓名,总分,院校名称 FROM student s,college c WHERE s.一志愿=c.院校编号;
```
执行结果:

姓名	总分	院校名称
陈文政	598	深圳职业技术学院
李敏	460	深圳大学
黄宾	627	清华大学
张晓羽	615	北京大学
许小猛	534	暨南大学
杨煌	555	复旦大学
陈丽明	587	中山大学
尹文哲	455	华南科技大学
段然	325	深圳职业技术学院
袁慧瑶	477	深圳大学
⋮		

10.2.3 创建视图

一旦建立视图,通过直接对视图进行查询而不是对基表进行查询,可以实现对数据的保护,并简化操作。同时可建立视图的同义词,用于为复杂对象名生成一个简化和便于记忆的别名。考虑建立如表 10-3 所示的视图。

表 10-3 视图

序号	视图名称	同义词	作用
1	考生成绩	SCORE	查看学生的成绩
2	录取考生	RESULT	查看已录取考生
3	录取情况	STATUS	查看录取没有完成的院校

1. 考生成绩视图

基表：STUDENT。

结构：考生成绩(编号，姓名，总分)，只读视图。

功能：为了方便查看学生的成绩，建立学生成绩视图，显示全部学生的考号、姓名和成绩。

步骤 1：创建视图：

CREATE OR REPLACE VIEW 考生成绩(编号,姓名,总分)
AS SELECT 编号,姓名,总分 FROM student
WITH READ ONLY;

步骤 2：生成考生成绩视图的同义词 score：

CREATE SYNONYM SCORE FOR 考生成绩;

2. 录取考生视图

基表：STUDENT 和 COLLEGE。

结构：录取考生(编号，姓名，院校名称)，条件是只显示录取的考生信息，只读视图。需要通过建立相等连接来实现。

功能：为了方便查看学生的录取结果，建立录取学生的视图，显示被录取学生的考号、姓名和录取院校名称。

步骤 1：建立视图：

CREATE OR REPLACE VIEW 录取考生(编号,姓名,录取院校名称)
AS SELECT 编号,姓名,院校名称 FROM student,college
WHERE 录取状态='1' AND student.录取院校=college.院校编号
WITH READ ONLY;

步骤 2：生成录取考生视图的同义词 RESULT：

CREATE SYNONYM RESULT FOR 录取考生;

3. 录取情况视图

基表：COLLEGE。

结构：录取情况(院校编号，院校名称，状态，招生人数，缺额)，只读视图。

功能：显示招生计划完成情况，计划招生人数和录取的缺额。

步骤 1：创建视图：

CREATE OR REPLACE VIEW 录取情况(院校编号,院校名称,状态,招生人数,缺额)
AS SELECT 院校编号,院校名称,DECODE(SIGN(招生人数-录取人数),1,'未完成','完成'),招生人数,招生人数-录取人数
FROM college WITH READ ONLY;

步骤 2：生成录取情况视图的同义词 STATUS：

CREATE SYNONYM STATUS FOR 录取情况;

说明：SIGN 函数返回算术运算结果的符号，结果大于 0 返回 1，等于 0 返回 0，小于 0 返回-1。如果招生人数大于录取人数，则表达式 SIGN(招生人数-录取人数)的结果为 1。此时，DECODE 函数返回"未完成"；否则返回"完成"。

10.3 应用程序的设计和实现

系统的功能要通过编程来实现。根据不同的功能划分不同的模块，模块以存储过程、存储函数或触发器的形式，作为数据库的对象存入数据库当中。也可以将多个模块组合成为包。

10.3.1 函数的创建

首先要建立一些函数，以便其他模块或查询引用。设计如表 10-4 所示的函数。

表 10-4 函　　数

序号	函数名称	作　用
1	GET_STUDENT_NAME	通过考号获得考生姓名，如不存在，则返回"无"
2	GET_SCORE	通过考号获得考生成绩，如不存在，则返回-1
3	GET_COLLEGE_NAME	通过院校编号获得院校名称，如不存在，则返回"无"

1. 返回考生姓名函数 GET_STUDENT_NAME

函数名和参数：GET_STUDENT_NAME(P_BH)。

该函数的返回值类型为 VARCHAR2。其中，P_BH 代表考生编号。

功能：通过考生的编号获得考生的姓名。

返回考生名称函数如下：

```
CREATE OR REPLACE FUNCTION GET_STUDENT_NAME(P_BH NUMBER)
RETURN VARCHAR2
AS
   V_NAME VARCHAR2(10);
BEGIN
   SELECT 姓名 INTO V_NAME FROM STUDENT WHERE 编号=P_BH;
   RETURN(V_NAME);
EXCEPTION
WHEN OTHERS THEN
   RETURN('无');
END;
```

2. 返回考生成绩函数 GET_SCORE

函数名和参数：GET_SCORE(P_BH)。

该函数的返回值类型为 NUMBER。其中，P_BH 代表考生编号。

功能：通过考生的编号获得考生的总分。

返回考生成绩函数如下：

```
CREATE OR REPLACE FUNCTION GET_SCORE (P_BH NUMBER)
RETURN NUMBER
AS
```

```
  V_SCORE NUMBER(3);
BEGIN
  SELECT 总分 INTO V_SCORE FROM SCORE WHERE 编号=P_BH;
  RETURN (V_SCORE);
EXCEPTION
  WHEN OTHERS THEN
    RETURN(-1);
END;
```

注意：分数直接从考生成绩视图中取得，SCORE 为考生成绩视图的同义词。

3．返回院校名称函数 GET_COLLEGE_NAME

函数名和参数：GET_COLLEGE_NAME(P_BH)

该函数的返回值类型为 VARCHAR2。其中，P_BH 代表院校编号。

功能：通过院校的编号获得院校名称。

返回院校名称函数如下：

```
CREATE OR REPLACE FUNCTION GET_COLLEGE_NAME (P_BH NUMBER)
RETURN VARCHAR2
AS
  V_NAME VARCHAR2(30);
BEGIN
  SELECT 院校名称 INTO V_NAME FROM COLLEGE WHERE 院校编号=P_BH;
  RETURN (V_NAME);
EXCEPTION
  WHEN OTHERS THEN
    RETURN('无');
END;
```

10.3.2　存储过程的创建

系统的功能通过存储过程来完成。考虑建立如表 10-5 所示的存储过程。

表 10-5　存　储　过　程

序号	过程名称	作用
1	INPUT_COLLEGE	输入院校记录到院校表
2	INPUT_STUDENT	输入考生记录到考生表
3	CLEARSTATUS	初始化、清除考生录取状态
4	PROC1	一志愿投档
5	PROC2	二志愿投档
6	AUTOPROC	自动投档
7	SHOW_SCORE	查询考生分数
8	SHOW_RESULT	查询考生录取状态
9	STUDENT_LIST	院校录取考生列表
10	COLLEGE_TOTAL	统计院校录取信息

1. 插入院校存储过程 INPUT_COLLEGE

过程名和参数：

  INPUT_COLLEGE(P_YXBH,P_YXMC,P_LQFSX,P_ZSRS)

其中，P_YXBH 代表院校编号，P_YXMC 代表院校名称，P_LQFSX 表示录取分数线，P_ZSRS 表示招生人数。

功能：该过程用于建立院校信息。每次执行时插入一个院校，部分字段的内容通过参数传递，没有指定参数的字段取字段的默认值。

插入院校程序如下：

步骤 1：输入和调试以下存储过程：

```
CREATE OR REPLACE  PROCEDURE INPUT_COLLEGE
(V_YXBH IN NUMBER,V_YXMC IN VARCHAR2,V_LQFSX IN NUMBER,V_ZSRS IN NUMBER)
AS
 R NUMBER;
BEGIN
 SELECT COUNT(*) INTO R FROM COLLEGE WHERE 院校编号=V_YXBH;
 IF R>0 THEN
  DBMS_OUTPUT.PUT_LINE('院校'||V_YXBH||'已经存在!');
 ELSE
  INSERT INTO COLLEGE
  VALUES(V_YXBH,V_YXMC,V_LQFSX,V_ZSRS,0);
  COMMIT;
  DBMS_OUTPUT.PUT_LINE('院校'||V_YXMC||'插入成功!');
 END IF;
EXCEPTION
 WHEN OTHERS THEN
  DBMS_OUTPUT.PUT_LINE('院校'||V_YXMC||'插入失败!');
END;
```

步骤 2：执行该存储过程：

```
EXECUTE INPUT_COLLEGE(1011,'吉林大学',570,6);
```

执行结果：

院校吉林大学插入成功!

PL/SQL 过程已成功完成。

说明：如果院校编号已经存在，则提示不能插入。通过存储过程插入考生，可以正确显示插入过程的错误信息。

2. 插入考生存储过程 INPUT_STUDENT

过程名和参数：

  INPUT_STUDENT (P_KSXM,P_XB,P_ZF,P_TYTJ,P_ZY1,P_ZY2)

其中，P_KSXM 代表考生姓名，P_XB 代表考生性别，P_ZF 代表考生高考分数，P_TYTJ

代表是否同意调剂，P_ZY1代表考生报考的一志愿院校编号，P_ZY2代表考生报考的二志愿院校编号。

功能：该过程用于输入考生信息。每次执行时插入一个考生，部分字段的内容通过参数传递，没有指定参数的字段取字段的默认值，考生编号取自序列。

程序略，可以参照插入院校过程。

3. 投档初始化过程 CLEARSTATUS

过程名和参数：

   CLEARSTATUS

功能：该过程用于在每次开始模拟录取前对考生和院校表进行状态初始化。具体功能包括：清空COLLEGE表的录取人数；设置STUDENT表所有考生的录取状态为0(未录取)，录取院校为空，录取志愿为空，录取日期为空，操作人为空。

初始化程序如下：

```
CREATE OR REPLACE PROCEDURE CLEARSTATUS
AS
BEGIN
 UPDATE COLLEGE SET 录取人数=0;
 UPDATE STUDENT SET 录取状态=0,录取志愿=NULL,录取院校=NULL,录取日期=NULL,操作人=NULL;
 COMMIT;
END;
```

4. 一志愿投档存储过程 PROC1

过程名和参数：

   PROC1(P_YXBH)

其中，参数P_YXBH代表要进行一志愿投挡的院校编号。

功能：该过程完成按照院校的要求对某院校进行一志愿投档录取的过程。投档时要指定院校编号作为参数。

投档过程是：对一志愿报考该院校的、分数在最低录取分数线上的学生，按分数进行排序，根据招生人数取前几名录取。

本次录取的考生要回填状态和录取院校等信息，将考生信息表中录取状态改为录取，并将院校编号和录取志愿号(为1)填入考生表。同时将院校信息表中对应的录取人数做相应的修改，将实际录取的人数回填院校表的录取人数字段。

说明：如果录取没有达到招生人数，将由二志愿来补充。该过程一次完成一个院校的投档。要一次完成所有院校的投档，可使用后面的自动投档存储过程。

一志愿投档程序如下：

```
CREATE OR REPLACE PROCEDURE PROC1(P_YXBH NUMBER)
AS
 V_ZSRS NUMBER(3);
 V_LQFSX NUMBER(3);
```

```
V_YXMC VARCHAR2(30);
V_COUNT NUMBER(3);
CURSOR STU_CURSOR IS SELECT * FROM STUDENT
WHERE 一志愿=P_YXBH ORDER BY 总分 DESC;
BEGIN
  SELECT 招生人数,录取分数线,院校名称 INTO V_ZSRS,V_LQFSX,V_YXMC
  FROM COLLEGE WHERE 院校编号=P_YXBH;--取院校信息
  V_COUNT:=0;
  DBMS_OUTPUT.PUT_LINE('院校名称:'||V_YXMC||'一志愿投档开始');
  DBMS_OUTPUT.PUT_LINE('------------------- ----------------------');
  FOR STU_REC IN STU_CURSOR LOOP
    EXIT WHEN V_COUNT>=V_ZSRS;
    IF(STU_REC.总分>=V_LQFSX) THEN
      UPDATE STUDENT SET 录取状态='1',录取志愿='1',录取院校=P_YXBH,录取日期=SYSDATE,
操作人=USER WHERE 编号= STU_REC.编号;
      DBMS_OUTPUT.PUT_LINE(' 编号:'|| STU_REC.编号||' 姓名:'||STU_REC.姓名||' 总分:'|| STU_REC.总分);
      V_COUNT:=V_COUNT+1;
    END IF;
  END LOOP;
  DBMS_OUTPUT.PUT_LINE('----------------------------------------------');
  UPDATE COLLEGE SET 录取人数=V_COUNT WHERE 院校编号=P_YXBH;
  COMMIT;
END;
```

说明：该过程按院校进行一志愿投档，游标定义了一志愿报考该院校的按总分从高到低排序的所有考生信息。V_COUNT 记录录取的人数，初值为 0，每当录取一个考生，则加1。若 V_COUNT 等于计划招生人数，则结束录取。如果 V_COUNT 小于招生人数，则取游标的下一个考生，判断其分数是否在该院校的最低录取分数线之上。如果满足，则标记录取状态为 1。录取结束后，将录取人数 V_COUNT 回填到院校表。

5．二志愿投档存储过程 PROC2

过程名和参数：

PROC2(P_YXBH)

其中，参数 P_YXBH 代表要进行二志愿投档的院校编号。

功能：该过程完成按照院校的要求对某院校进行二志愿投档和录取的过程。投档时要指定院校编号作为参数。

过程是：对二志愿报考该院校且还没有录取的(去掉一志愿录取的考生)、分数在最低录取分数线上的学生，按分数进行排序，根据缺额(招生人数去掉录取人数)取前几名录取。

本次录取的考生要回填状态和录取院校等信息，将考生信息表中录取状态改为录取，并将院校编号、录取志愿号(为2)填入考生表。同时将院校信息表中对应的录取人数做相应的修改，将实际录取的人数回填院校表的录取人数字段。

说明：如果没有达到招生人数，将由调剂录取来补充。该过程一次完成一个院校的投档。要一次完成所有院校的投档，可使用后面的自动投档存储过程。

二志愿投档程序如下：

```
CREATE OR REPLACE PROCEDURE PROC2(P_YXBH NUMBER)
AS
 V_ZSRS NUMBER(3);
 V_LQFSX NUMBER(3);
 V_YXMC VARCHAR2(30);
 V_LQRS NUMBER(3);
 V_COUNT NUMBER(3);
 CURSOR STU_CURSOR IS
 SELECT * FROM STUDENT
 WHERE 二志愿=P_YXBH AND 录取状态=0
 ORDER BY 总分 DESC;
BEGIN
  SELECT 招生人数,录取分数线,录取人数,院校名称 INTO V_ZSRS,V_LQFSX,V_LQRS,V_YXMC
  FROM COLLEGE WHERE 院校编号=P_YXBH;
  V_COUNT:=V_LQRS;
  DBMS_OUTPUT.PUT_LINE('院校名称:'||V_YXMC||'二志愿投档开始');
  DBMS_OUTPUT.PUT_LINE('------------------------------------------------------');
  FOR STU_REC IN STU_CURSOR LOOP
   EXIT WHEN V_COUNT>=V_ZSRS;
   IF(STU_REC.总分>=V_LQFSX) THEN
    UPDATE STUDENT SET 录取状态='1',录取志愿='2',录取院校=P_YXBH,录取日期=SYSDATE,
操作人=USER WHERE 编号= STU_REC.编号;
    DBMS_OUTPUT.PUT_LINE(' 编号:'|| STU_REC.编号||' 姓名:'||STU_REC.姓名||' 总分:'|| STU_REC.总分);
    V_COUNT:=V_COUNT+1;
    END IF;
   END LOOP;
   DBMS_OUTPUT.PUT_LINE('------------------------------------------------------');
   UPDATE COLLEGE SET 录取人数=V_COUNT WHERE 院校编号=P_YXBH;
   COMMIT;
END;
```

说明：该过程按院校进行二志愿投档，游标定义了二志愿报考该院校且录取状态为0(未录取)的、按总分从高到低排序的所有考生信息。V_COUNT 记录录取的人数，初值为一志愿已经录取的人数，每当录取一个考生，则 V_COUNT 加 1。若 V_COUNT 等于计划招生人数，则结束录取。如果 V_COUNT 小于招生人数，则取游标的下一个考生，判断其分数是否在该院校的最低录取分数线上。如果满足，则标记录取状态为 1。录取结束后，将录取人数 V_COUNT 回填到院校表。

6. 自动投档程序 AUTOPROC

过程名和参数：

      AUTOPROC(P_LQZY)

其中，P_LQZY 代表要进行录取的志愿，只能是 1 或 2，1 代表一志愿，2 代表二志愿。

功能：该过程根据选定志愿，循环对所有院校进行投档，即对所有院校循环调用 PROC1 或 PROC2。一次完成所有院校的一志愿或二志愿投档。

自动投档程序如下：

```
CREATE OR REPLACE PROCEDURE AUTOPROC(P_LQZY NUMBER)
AS
 CURSOR COLLEGE_CURSOR IS SELECT 院校编号 FROM COLLEGE;
BEGIN
  FOR COLLEGE_REC IN COLLEGE_CURSOR LOOP
    IF (P_LQZY=1) THEN
      PROC1(COLLEGE_REC.院校编号);
    ELSIF (P_LQZY=2) THEN
      PROC2(COLLEGE_REC.院校编号);
   END IF;
  END LOOP;
END;
```

说明：定义一个取所有院校编号的游标 COLLEGE_CURSOR，根据志愿(参数为 1 或 2)，在游标循环中以取得的院校编号为参数，调用一志愿或二志愿投档过程。

7. 查询考生分数过程 SHOW_SCORE

过程名和参数：

      SHOW_SCORE(P_BH)

其中，P_BH 代表考生编号。

功能：给出考生的考号，返回考生的高考成绩。

查询考生分数程序如下：

```
CREATE OR REPLACE PROCEDURE SHOW_SCORE(P_BH NUMBER)
AS
 V_SCORE NUMBER(3);
BEGIN
  V_SCORE:= GET_SCORE(P_BH);
  IF V_SCORE=-1 THEN
```

```
    DBMS_OUTPUT.PUT_LINE('考生编号错误！');
  ELSE
    DBMS_OUTPUT.PUT_LINE('考生'||GET_STUDENT_NAME(P_BH)||'总分'||V_SCORE);
  END IF;
END;
```

说明：本过程调用返回考生姓名和分数的函数 GET_STUDENT_NAME 和 GET_SCORE。

8. 查询考生录取状态过程 SHOW_RESULT

过程名和参数：
   SHOW_RUSULT(P_BH)
其中，P_BH 代表考生编号。
  功能：给出考生的考号，返回录取院校名称。如果没有录取，则返回"未被录取"。
  查询考生录取状态程序如下：

```
CREATE OR REPLACE PROCEDURE SHOW_RESULT(P_BH NUMBER)
AS
  V_LQYXMC VARCHAR2(20);
  V_XM VARCHAR2(10);
BEGIN
  V_XM:= GET_STUDENT_NAME(P_BH);
  IF V_XM ='无' THEN
    DBMS_OUTPUT.PUT_LINE('考生编号错误！');
  ELSE
    SELECT 录取院校名称 INTO V_LQYXMC FROM RESULT WHERE 编号=P_BH;
    DBMS_OUTPUT.PUT_LINE('考生'||V_XM||'被'||V_LQYXMC||'录取！');
  END IF;
EXCEPTION
  WHEN OTHERS THEN
    DBMS_OUTPUT.PUT_LINE('考生'|| V_XM ||'未被录取！');
END;
```

说明：查询录取考生视图 RESULT，如果考生在视图中不存在，则表示未被录取。此过程中调用了前面定义的函数 GET_STUDENT_NAME 以获得考生名称。

9. 显示院校录取名册存储过程 STUDENT_LIST

过程名和参数：
   STUDENT_LIST(P_YXBH)
其中，P_YXBH 表示院校编号。
  功能：指定院校编号，显示按分数排序的统计报表：

```
CREATE OR REPLACE PROCEDURE STUDENT_LIST(P_YXBH NUMBER)
AS
```

```
    V_SNAME VARCHAR2(10);
    V_MAX NUMBER(3);
    V_MIN NUMBER(3);
    COL_REC COLLEGE%ROWTYPE;
    CURSOR STU_CURSOR IS SELECT * FROM STUDENT WHERE 录取院校=P_YXBH ORDER BY 总分 DESC;
    BEGIN
      SELECT * INTO COL_REC FROM COLLEGE WHERE 院校编号=P_YXBH;
      DBMS_OUTPUT.PUT_LINE(GET_COLLEGE_NAME(P_YXBH)||'院校录取统计表');
      DBMS_OUTPUT.PUT_LINE(' 招生人数：'||COL_REC.招生人数||' 录取人数：'||COL_REC.录取人数||' 录取分数线：'||COL_REC.录取分数线);
      DBMS_OUTPUT.PUT_LINE('--------------------------------------------------------------');
      DBMS_OUTPUT.PUT_LINE('序号    考生编号    姓名    性别    总分    录取志愿    录取日期');
      FOR STU_REC IN STU_CURSOR LOOP
        IF STU_REC.性别=1 THEN
          DBMS_OUTPUT.PUT_LINE(RPAD(STU_CURSOR%ROWCOUNT,8,' ')||RPAD(STU_REC.编号,9,' ')||RPAD(STU_REC.姓名,9,' ')||'男'||RPAD(STU_REC.总分,9,' ')||RPAD(STU_REC.录取志愿,9,' ')||RPAD(STU_REC.录取日期,9,' '));
        ELSE
          DBMS_OUTPUT.PUT_LINE(RPAD(STU_CURSOR%ROWCOUNT,8,' ')||RPAD(STU_REC.编号,9,' ')||RPAD(STU_REC.姓名,9,' ')||'女 '||RPAD(STU_REC.总分,9,' ')||RPAD(STU_REC.录取志愿,9,' ')||RPAD(STU_REC.录取日期,9,' '));
        END IF;
      END LOOP;
      DBMS_OUTPUT.PUT_LINE('--------------------------------------------------------------');
      SELECT MAX(总分),MIN(总分) INTO V_MAX,V_MIN FROM STUDENT
      WHERE 录取院校=P_YXBH;
      DBMS_OUTPUT.PUT_LINE(' 最高分：'||V_MAX||' 最低分：'||V_MIN);
    END;
```

说明：把院校编号作为条件，检索出被某个院校录取的考生，并按分数排序。其中，性别显示需要进行转换。过程中，使用了 RPAD 函数产生相等的列宽。在列表之后，通过统计查询，显示最高分和最低分。

10. 院校招生情况统计表 COLLEGE_TOTAL

过程名和参数：

  COLLEGE_TOTAL

功能：按照院校的平均录取分数排序所有院校，统计各院校的最高分数、最低分数、招生人数、录取人数、男生人数、女生人数等信息。

院校招生情况统计程序如下：

```
CREATE OR REPLACE PROCEDURE COLLEGE_TOTAL
AS
    V_YXBH NUMBER(4);
    V_AVG NUMBER(4);
    V_MAX NUMBER(4);
    V_MIN NUMBER(4);
    V_BOY NUMBER(3);
    V_GIRL NUMBER(3);
    V_ZSRS NUMBER(3);
    V_LQRS NUMBER(3);
    V_YXMC VARCHAR2(20);
    CURSOR STU_CURSOR IS
    SELECT 录取院校,AVG(总分),MAX(总分),MIN(总分) FROM STUDENT GROUP BY 录取院校 ORDER BY AVG(总分) DESC;
BEGIN
    DBMS_OUTPUT.PUT_LINE('院校编号 院校名称     招生人数 录取人数 男生人数 女生人数 最高分数 最低分数 平均分数');
    OPEN STU_CURSOR;
    LOOP
     FETCH STU_CURSOR INTO V_YXBH,V_AVG,V_MAX,V_MIN;
     EXIT WHEN STU_CURSOR%NOTFOUND;
     IF V_YXBH IS NOT NULL THEN
      SELECT 院校名称,招生人数,录取人数 INTO V_YXMC,V_ZSRS,V_LQRS
      FROM COLLEGE WHERE 院校编号=V_YXBH;
      SELECT COUNT(*) INTO V_BOY FROM STUDENT WHERE 录取院校=V_YXBH AND 性别=1;
      SELECT COUNT(*) INTO V_GIRL FROM STUDENT WHERE 录取院校=V_YXBH AND 性别=2;
      DBMS_OUTPUT.PUT_LINE(RPAD(V_YXBH,8,' ')||RPAD(V_YXMC,18,' ')||RPAD(V_ZSRS,9,' ')
||RPAD(V_LQRS,9,' ')||RPAD(V_BOY,9,' ')||RPAD(V_GIRL,9,' ')||RPAD(V_MAX,9,' ')||RPAD(V_MIN,9,' ')
||RPAD(V_AVG,9,' '));
     END IF;
    END LOOP;
    CLOSE STU_CURSOR;
END;
```

说明：统计工作主要是通过一个按录取院校分组的查询游标来完成的。在分组查询中统计院校的平均分数、最高分和最低分，并按照平均分排序。其他信息在游标循环中根据院校编号通过查询语句得到。

10.3.3 触发器的设计

通过触发器可以为数据提供进一步的保护。下面设计两种常见类型的触发器。

1. 分数修改触发器

如果要自动记录对数据库的数据进行的某些操作，可以通过创建触发器来实现。在考生数据库中，高考的分数字段的内容十分重要，是录取的最重要依据，应该正确设置对其进行操作的权限，并做好操作的记录。权限可以通过设定特定权限的账户进行控制，记录操作可以通过触发器来实现。通过触发器来记录对考生表高考分数字段的插入、删除和修改操作，记录的内容可以包括：操作时间、操作人账户、执行的操作、考生编号、原分数和修改后的分数。以上内容记录到表 OPERATION_LOG。

表 10-6　OPERATION_LOG 表的结构

字段名称	类　型	宽度	约束条件	简　要　说　明
序号	number	10	主键	记录编号，从 1 开始递增，取自序列
账户	varchar2	15	不允许为空	操作人账户
时间	date			操作时间，取自 SYSDATE
操作	varchar2	10		操作种类
考生编号	number	5		考生编号
原分数	number	3		修改前的分数
新分数	number	3		修改后的分数

步骤 1：创建如下的记录表 OPERATION_LOGS：

```
CREATE TABLE OPERATION_LOG(
序号 NUMBER(10) PRIMARY KEY,
账户 VARCHAR2(15) NOT NULL,
时间 DATE,
操作 VARCHAR2(10),
考生编号 NUMBER(5),
原分数 NUMBER(3),
新分数 NUMBER(3)
);
```

步骤 2：创建一个主键序列 OPERATION_ID：

```
CREATE SEQUENCE OPERATION_ID  INCREMENT BY 1
START WITH 1 MAXVALUE 9999999 NOCYCLE NOCACHE;
```

步骤 3：创建和编译以下触发器：

```
CREATE OR REPLACE TRIGGER OPERATION
BEFORE --触发时间为操作前
DELETE OR INSERT OR UPDATE OF 总分 -- 由三种事件触发
ON STUDENT
FOR EACH ROW -- 行级触发器
BEGIN
  IF INSERTING THEN
    INSERT INTO OPERATION_LOG
```

```
    VALUES(OPERATION_ID.NEXTVAL,USER,SYSDATE,'插入',:NEW.编号,NULL,:NEW.总分);
  ELSIF DELETING THEN
    INSERT INTO OPERATION_LOG
    VALUES(OPERATION_ID.NEXTVAL,USER,SYSDATE,'删除',:OLD.编号,:OLD.总分,NULL);
  ELSE
    INSERT INTO OPERATION_LOG
    VALUES(OPERATION_ID.NEXTVAL,USER,SYSDATE,'修改',:OLD.编号,:OLD.总分,:NEW.总分);
  END IF;
END;
```

说明：可参考触发器一章的相同类型触发器。

2．级联修改触发器

我们还可以创建级联修改触发器 UPDATE_COLLEGE_NO，以实现如下的功能：当修改院校的编号时，自动修改学生表中与院校编号关联的字段内容。学生表共有 3 个字段与院校编号关联，即一志愿，二志愿和录取院校。

创建级联修改触发器：

```
CREATE OR REPLACE TRIGGER UPDATE_COLLEGE
  AFTER
  UPDATE OF 院校编号
  ON COLLEGE
  FOR EACH ROW   -- 行级触发器
BEGIN
    UPDATE STUDENT SET 一志愿=:NEW.院校编号   WHERE 一志愿=:OLD.院校编号;
    UPDATE STUDENT SET 二志愿=:NEW.院校编号   WHERE 二志愿=:OLD.院校编号;
    UPDATE STUDENT SET 录取院校=:NEW.院校编号   WHERE 录取院校=:OLD.院校编号;
END;
```

说明：可参考触发器一章的相同类型触发器。

10.4 系统的测试和运行

通过系统的模拟运行，可以检验模块的正确性。在系统运行过程中，也要通过查询的方法跟踪检查系统的状态和数据。

10.4.1 运行准备

通过在 SQL*Plus 环境下使用 SQL 语句可以进行多种查询，来辅助录取过程获得信息。如果有必要的话，查询也可以设计成为存储过程，存储在数据库中，并可以进行调用。在这里，比较复杂不能通过 SQL 语句实现的查询或统计将通过存储过程或函数来实现。直接使用查询是进行测试的一种很好的方法,在这里也列出了一些可能用到的查询。

在投档前可以进行以下的查询。

1. 按姓名进行模糊查询

查找姓王的考生:

SELECT 编号,姓名,性别,总分 FROM STUDENT WHERE 姓名 LIKE '王%';

执行结果:

编号	姓名	性	总分
10100	王聪	1	605

说明:姓王的考生只有王聪一个人。

2. 按分数或分数段进行查询

查询分数在 600~650 分之间的考生:

SELECT 编号,姓名,性别,总分 FROM STUDENT WHERE 总分>600 AND 总分<650;

执行结果:

编号	姓名	性	总分
10053	黄宾	1	627
10054	张晓羽	2	615
10077	胡笛	2	610
10081	李冠军	1	610
10085	李丽	2	609
10089	曹万吉	2	617
10093	邱雨林	2	608
10099	孙庆	2	630
10100	王聪	1	605

已选择 9 行。

说明:在 600~650 分之间有 9 名考生。

3. 查询分数最高的考生

查询总分最高的考生:

SELECT 编号,姓名,性别,总分 FROM STUDENT WHERE 总分=(SELECT MAX(总分) FROM STUDENT);

执行结果:

编号	姓名	性	总分
10071	何健飞	1	689

说明:使用了子查询和统计查询。分数最高的考生是何健飞,总分为 689 分。

4. 查询分数最高的考生报考的院校

查询分数最高的考生一志愿报考的院校：

SELECT 编号,姓名,性别,总分,院校名称 FROM STUDENT S,COLLEGE C WHERE S.一志愿=C.院校编号 AND S.总分=(SELECT MAX(总分) FROM STUDENT);

执行结果：

编号	姓名	性	总分	院校名称
10071	何健飞	1	689	清华大学

说明：使用了统计查询和相等连接。分数最高的考生一志愿报考了清华大学。

5. 查询招生人数最多的院校

查询招生人数最多的院校：

SELECT 院校名称,招生人数 FROM COLLEGE WHERE 招生人数=(SELECT MAX(招生人数) FROM COLLEGE);

执行结果：

院校名称	招生人数
深圳职业技术学院	8

说明：使用了子查询。招生人数最多的院校是深圳职业技术学院。

6. 查询考生分数

查询考生分数：

EXEC SHOW_SCORE(10005);

执行结果：

考生许小猛总分 534
PL/SQL 过程已成功完成。

说明：调用存储过程并返回结果。编号为 10005 的考生许小猛，总分为 534 分。

7. 检查 OPERATION 触发器的记录

检查 OPERATION 触发器的记录：

SELECT * FROM OPERATION_LOG;

执行结果：

...

100 STUDENT	28-3月 -04 插入	10048		550
101 STUDENT	28-3月 -04 插入	10049		630
102 STUDENT	28-3月 -04 插入	10050		605
103 STUDENT	28-3月 -04 修改	10045	555	553

说明：结果中显示了最近对 STUDENT 表的部分修改。通过最后一行可见，曾经将考生 10045 的总分由 555 改为 553。

10.4.2 投档过程

1. 初始化
初始化程序为:
SET SERVEROUTPUT ON SIZE 10000;
EXEC CLEARSTATUS;
执行结果:
PL/SQL 过程已成功完成。

说明: 在每次重新开始模拟投档时, 都要先调用该过程进行初始化, 清除原来的录取信息。

2. 一志愿自动投档
一志愿自动投档程序为:
EXEC AUTOPROC(1);
执行结果:
院校名称:清华大学一志愿投档开始

编号:10021   姓名:何健飞   总分:689
编号:10020   姓名:张建锋   总分:688
编号:10012   姓名:张婷   总分:665
编号:10049   姓名:孙庆   总分:630
编号:10003   姓名:黄宾   总分:627

院校名称:北京大学一志愿投档开始

编号:10004   姓名:张晓羽   总分:615
编号:10035   姓名:李丽   总分:609
编号:10036   姓名:吴子俊   总分:600

……

说明: 使用自动投档 AUTOPROC 进行一志愿投档, 参数 1 代表一志愿投档。如果使用 PROC1 进行投档, 则一次只能投档一个院校。通过执行结果可以看到, 清华大学录取了 5 人, 北京大学录取了 3 人。

3. 查询考生录取状态
查询考生录取状态的程序为:
EXEC SHOW_RESULT(10005);
执行结果:

考生许小猛被暨南大学录取！
PL/SQL 过程已成功完成。

说明：查询编号为 10005 的考生录取状态，返回结果是许小猛被暨南大学录取。

4．二志愿自动投档

二志愿自动投档的程序为：
EXEC AUTOPROC(2);
执行结果：
院校名称:清华大学二志愿投档开始

院校名称:北京大学二志愿投档开始

编号:10027   姓名:胡笛   总分:610

院校名称:武汉大学二志愿投档开始

编号:10022   姓名:徐子钊   总分:600
编号:10013   姓名:李婷   总分:585

⋮

说明：使用自动投档 AUTOPROC 进行二志愿投档，参数 2 代表二志愿投档。如果使用 PROC2 进行投档，则一次只能投档一个院校。结果显示，清华大学没有二志愿新录取的考生，北京大学有一名二志愿录取的考生……

5．查询录取情况视图

查询录取情况：
SELECT * FROM STATUS;
执行结果：

院校编号	院校名称	状态	招生人数	缺额
1001	清华大学	完成	5	0
1002	北京大学	完成	4	0
1003	武汉大学	完成	6	0
1004	华南科技大学	未完成	3	1
1005	复旦大学	未完成	4	2
1006	中山大学	未完成	5	3
1007	华南理工大学	完成	4	0
1008	暨南大学	完成	3	0

	1009 深圳大学	未完成	6	1
	1010 深圳职业技术学院	完成	8	0

已选择 10 行

说明：通过视图检查录取情况，可看到有 6 个学校已经完成录取，还有 4 所学校没有完成录取。华南科技大学缺额为 1，复旦大学缺额为 2……。没有完成的院校，可以设计调剂录取程序，来进一步投档。

10.4.3 统计报表

1. 院校录取考生列表

显示深圳职业技术学院的录取考生列表，并按成绩排序：

EXEC STUDENT_LIST(1010);

执行结果：

深圳职业技术学院院校录取统计表

招生人数：8   录取人数：8   录取分数线：450

序号	考生编号	姓名	性别	总分	录取志愿	录取日期
1	10001	陈文政	男	598	1	28-3月 -0
2	10048	陆文浩	男	550	2	28-3月 -0
3	10033	陈兵	男	498	1	28-3月 -0
4	10023	张庆旭	男	490	2	28-3月 -0
5	10016	周易	女	485	1	28-3月 -0
6	10010	袁慧瑶	女	477	2	28-3月 -0
7	10002	李敏	女	460	2	28-3月 -0
8	10008	尹文哲	男	455	2	28-3月 -0

最高分：598 最低分：455

说明：从结果可以看出，深圳职业技术学院计划招生 8 人，已经录取 8 人。其中一志愿录取 3 人，二志愿录取 5 人。最高分数为 589 分，最低分数为 455 分，录取控制分数线为 450 分。

2. 招生情况统计

显示按平均分降序排列的招生情况统计表：

EXEC COLLEGE_TOTAL;

执行结果：

院校编号	院校名称	招生人数	录取人数	男生人数	女生人数	最高分数	最低分数	平均分数
1001	清华大学	5	5	3	2	689	627	660
1002	北京大学	4	4	1	3	615	600	609
1005	复旦大学	4	2	2	0	610	600	605

1006	中山大学	5	2	0	2	608	587	598
1003	武汉大学	6	6	2	4	617	560	595
1004	华南科技大学	3	2	1	1	595	588	592
1007	华南理工大学	4	4	3	1	585	532	557
1008	暨南大学	3	3	2	1	582	534	552
1009	深圳大学	6	5	3	2	555	502	522
1010	深圳职业技术学院	8	8	5	3	598	455	502

PL/SQL 过程已成功完成。

说明：从结果可以看出，清华大学平均录取分数最高，为 660 分。该校计划招收 5 人，已经招满，其中男生 3 人，女生 2 人，最高分为 689 分，最低分为 627 分。

10.4.4 结果分析

系统招生录取过程中和结束后，应该对系统数据进行分析，检查是否存在投档错误，避免造成损失。如果发现问题，则要重新投档。

检查没有被录取的考生一志愿报考的院校：

SELECT 编号,姓名,总分,院校名称 FROM STUDENT S,COLLEGE C
WHERE S.一志愿=C.院校编号 AND S.录取志愿 IS NULL ORDER BY 总分 DESC;

执行结果：

编号	姓名	总分	院校名称
10045	张韦	553	复旦大学
10047	高飞云	540	复旦大学
10042	邓树林	485	北京大学
10030	国丹丹	415	深圳大学
10034	洪智力	378	武汉大学
10011	罗卓群	367	武汉大学
10040	谢敏	348	复旦大学
10009	段然	325	深圳职业技术学院
10026	陈衬欢	300	深圳大学

后 5 名考生因为分数不够(低于最低的录取分数线 450 分)不能被录取，前 3 名考生要对其进行检查(以第一个考生 10045 为例)：

SELECT * FROM STUDENT WHERE 编号=10045;

执行结果：

编号	姓名	性	总分	一志愿	二志愿
10045	张韦	2	553	1005	1007

该生总分为 553 分,一志愿报 1005,二志愿报 1007。先检查一志愿的情况:

SELECT * FROM COLLEGE WHERE 院校编号=1005;

执行结果:

院校编号	院校名称	录取分数线	招生人数	录取人数
1005	复旦大学	580	4	2

复旦大学虽然没有招满,但因该考生的分数低于复旦大学的录取分数线,所以一志愿落选正常。继续检查二志愿情况:

SELECT * FROM COLLEGE WHERE 院校编号=1007;

执行结果:

院校编号	院校名称	录取分数线	招生人数	录取人数
1007	华南理工大学	520	4	4

该考生达到了华南理工大学的录取分数线。该校招生 4 人,录取 4 人。继续检查该考生为什么没有被二志愿录取:

SELECT 编号,姓名,总分,录取志愿 FROM STUDENT WHERE 录取院校=1007 ORDER BY 总分 DESC;

执行结果:

编号	姓名	总分	
10017	罗惯通	585	1
10046	胡月	557	1
10006	杨煌	555	2
10041	林晨曦	532	1

该校有 3 名考生被一志愿录取,二志愿录取 1 人。按照一志愿优先的原则,10045 号考生只能参加二志愿投档。该校二志愿缺额 1 人,按分数从高到低排序,考生杨煌的分数 555 高于考生张韦的分数 553,故杨煌优先录取,达到录取人数 4 人,录取结束。

通过以上分析可知,张韦没有被录取属于正常情况。

对其他考生的情况分析可以模仿以上步骤进行。

10.4.5 系统改进

至此完成了高校招生模拟的全部工作。该系统在以下方面还有待于改进:

(1) 可按照模块功能以包的形式对模块进行分类,比如可以分为投档包、查询包和公用包。

(2) 可以设立多个应用账户,通过授予不同的系统权限对象及包的访问权限,来限定对数据的访问和操作。

(3) 进一步完成调剂投档的程序。

以上工作,有兴趣的读者可以进一步完善。

10.5 练 习

设计开发"图书管理系统",完成图书的入库、查询、出借、归还和信息统计工作。系统主要的表应该包括图书表、出版社表、图书出借表和读者表(参照第 4 章内容)。

系统的主要功能包括:

(1) 插入修改图书表、出版社表和读者表。

(2) 按图书名称、出版社、出版时间和作者检索图书。

(3) 对图书进行模糊检索。

(4) 出借和归还图书。

(5) 查询过期未归还的图书。

(6) 查询在借图书的有关信息。

(7) 热门图书统计(按出借次数统计)。

(8) 按日期查询新进图书。

附录 练习的参考答案

第1章：
    1. A   2. D   3. C   4. C   5. B

第2章：
    1. B   2. C   3. A   4. B   5. B
    6. D   7. D   8. A   9. A   10. B
    11. D   12. D

第3章：
    1. D   2. B   3. D   4. D   5. C

第4章：
    1. C   2. D   3. B   4. C   5. D

第5章：
    1. A   2. A   3. B   4. D   5. A

第6章：
    1. B   2. C   3. B   4. D   5. D
    6. A   7. B

第7章：
    1. D   2. B   3. B   4. B   5. A

第8章：
    1. C   2. A   3. D   4. D   5. C

第9章：
    1. D   2. C   3. A   4. D   5. C